数学少年团的 X 历险

女巫的 X 谜案

董翠玲 著　　老渔 绘

SPM
南方出版传媒
新世纪出版
·广州·

人物介绍

班长、学霸、人缘好。别看她一副很好说话的样子，可发起脾气来……（想象一下火山爆发……）

涵涵

直脾气，易冲动。爱好之一是抬杠，你说东他偏要说西，只有一个人能制得住他——班长涵涵。

伍十斤

著名"漫画演员"，名字来源有二：第一，他爸爸麦大叔喜欢吃麦当劳；第二，他话多，爱"唠"（lào）。他是大家的开心果，朱队友的好友。虽然和朱队友做朋友有"风险"，他还是坚持了下来。

麦当唠

朱队友

麦当唠赶都赶不走的好友。不论何时何地，他都全心全意围绕在麦当唠左右，给麦当唠制造层出不穷的"惊喜"。他贪吃贪睡，但做事认真，而且超级热心。

东小西

出手阔绰，除了爱显摆，也没有什么致命的缺点，因为有这一点就够了。

目录

6

这是个简单的归一问题。

先归一：40÷8=5（片），就是说每 5 片面包赠送 1 份奶油；再看 30 片面包里面有几个 5 片。30÷5=6，也就是说把 5 片面包作为 1 份的话，30 片面包可以分成 6 份。所以，1×6=6 。应该赠送了 6 份奶油。

好吧，算你蒙对了。你刚才说有惊喜，什么惊喜？

还是叫"惊悚"比较合适。刚刚我听你家管家在电话里提到了"地下交通工具"，还说你家就有。我本来想问问，没想到招来一场灾难。

我想看看！

那么贵重的东西，看坏了怎么办？

那算了吧，原本我挺好奇的。

你也好奇？那好吧，我们一块去看看！

9

不管那么多了，大家都饿了吧，先吃饭，我请客！

咱们点了 10 块比萨，给配了 15 根香肠。如果点 6 块比萨，配几根香肠？

这个问题，我需要试吃一下才知道答案。

先算 1 块比萨配几根香肠，15÷10=1.5（根）。再算 6 块比萨配的香肠数量，6×1.5=9（根）。

老板，这里真的叫魔法城吗？

是的。

这是新开的主题乐园吗？

什么主题乐园？

这里是迪士尼吗？

那为什么叫魔法城呢？

不是。

因为女巫呗，你们怎么这么多问题？你们好奇怪啊。

这个老板真幽默，他肯定是在逗咱们玩儿。这种玩笑我见得多了，麦当劳经常耍这种小花招。

速度的秘密

场景1

请将你的解答过程写在下面的横线上。

....

....

....

....

....

....

场景2

请将你的解答过程写在下面的横线上。

场景3

请将你的解答过程写在下面的横线上。

场景4

请将你的解答过程写在下面的横线上。

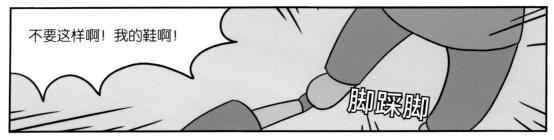

别高兴得太早，我们只是小学生，怎么可能制造出那么复杂的东西来？

说不定我们真的有救了。

小包臭气弹已装配成三盒。如果是三人组，那正好每人一盒。如果是多人组，则需要拆开包装重新组盒。原则上，多人站在不同方位向敌人投掷，效果更好。祝开心。

说的什么意思？

我们是多人组，首先需要做的是打开盒子数数里面有几小包，剩下的事情由涵涵来分析吧。

这是归总问题。首先小包臭气弹的总量是不变的，不管分成几盒，总数都是 5×3=15（包）。现在我们 5 个人来分这 15 小包，每人拿一个盒子来装自己分到的小包臭气弹，那么，每盒就是 15÷5=3（包）。分的份数多了，每份的量就少了。但是总量始终不变，所以叫归总。

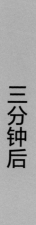

来了！

计划有变

请将你的解答过程写在下面的横线上。

场景2

请将你的解答过程写在下面的横线上。

场景3

麦当唠和东小西同时从学校去广场，麦当唠步行，每分钟走 40 米；东小西骑自行车，每分钟骑 120 米。东小西 5 分钟到广场后，还要等多久麦当唠才能到?

请将你的解答过程写在下面的横线上。

场景4

请将你的解答过程写在下面的横线上。

29

又一个箱子！

使用方法跟制造臭气弹差不多。

升级版臭气药剂专门用于遇到危险时制造逃生机会。如果是 3 个人，这箱药剂刚好够每人拿 10 份；如果人数更多，则根据人数来计算份数。请平均分配药剂，让每人拿到的份数一样多，人数越多，制造的臭气规模越大。注意，要同时抛出药剂。

我来看看，明白了，如果我们 5 个人同时扔"臭弹"，每人就是 6 份！

我想到一个更好的办法：我们 5 个人有 10 只手，根据说明书，共有药剂 10×3=30（份），那么，我们可以每只手拿 3 份，这样，10 份药剂就可以同时发挥效力了。

好厉害！你已经不疼了吗？

时间问题

请将你的解答过程写在下面的横线上。

场景2

请将你的解答过程写在下面的横线上。

场景3

请将你的解答过程写在下面的横线上。

场景4

请将你的解答过程写在下面的横线上。

41

当你们无路可逃时，可以尝试使用这些材料制作一个临时飞行器。如果你们有 8 个人，这些材料可供你们每人使用 10 包原材料。如果不是 8 个人，你们需要根据人数重新平均分配，自己计算出每人的原材料包数。原材料越分散，飞行器效果越好，每人持有份数越多，效果越好。

可以先用归总法：8×10=80（包），我们现在有 5 个人，那么每个人分到的材料就是 80÷5=16（包）。

合作与分工

请将你的解答过程写在下面的横线上。

场景2

请将你的解答过程写在下面的横线上。

场景3

请将你的解答过程写在下面的横线上。

场景4

请将你的解答过程写在下面的横线上。

真相大白

爷爷，这里很危险，我们有危险。

这是一座人工智能公园,尚在测试当中。公园里的工作人员都是智能机器人,他们只是在按照设定好的程序工作。

那女巫为什么会飞呢？

因为她体内有一架无人机啊！

那她为什么要吃我们呢？您再晚来一步，我们就都被她吃了！

她没有要吃你们啊，只是按照程序设定，她要完成点名的任务而已，并不是要伤害你们。

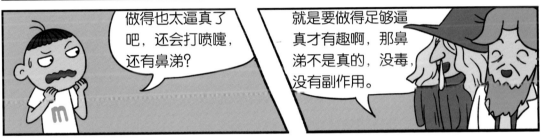

做得也太逼真了吧，还会打喷嚏，还有鼻涕？

就是要做得足够逼真才有趣啊，那鼻涕不是真的，没毒，没有副作用。

所以你不用担心，吃点儿鼻涕也不会拉肚子！

哈哈！

哈哈！

紧急任务

场景1

请将你的解答过程写在下面的横线上。

场景2

请将你的解答过程写在下面的横线上。

场景3

老师新发布了一个任务，原计划由 18 位同学每人每天做 8 道题，7.5 天完成所有的题目。后来计划有变，需要缩短时间，要求缩减为 4 天完成任务，同时增加 12 位同学来帮忙。现在每位同学每天需要多做几道题?

请将你的解答过程写在下面的横线上。

场景4

请将你的解答过程写在下面的横线上。

归一归总问题的基础知识

归一问题的特点是单位量不变。先通过已知条件求出一个单位量的数值，如单位面积的产量，单位时间的工作量、单价等。再求出最后问题中的总数或份数，这类问题我们称为"归一问题"。其中，求总数的为正归一，求份数的为反归一。

归总问题的特点是总量不变。通过已知条件先求出总数量，再根据其他条件算出所求解的问题，这类问题我们称为"归总问题"。

归一归总问题的解题思路

1. 归一问题

❶ 归一问题的关键是每一个单位量是不变的，所以先求单位量的数值，再根据题目中的条件和问题，求出若干份对应的总数量，或求出新的总数量里对应的份数。

❷ 常用的数量关系

· 总量 ÷ 份数 = 单位量（一人有几个物品、物品的单价、单位时间走过的距离等等）

· 总量 ÷ 单位量 = 份数

· 单位量 × 份数 = 总量

2. 归总问题

❶ 归总问题的关键是总量不变，要解决问题，先求总量，然后再根据题目要求，在单位量变化的情况下求出对应份数，或份数变化条件下求出对应的单位量是多少。

❷ 常用的数量关系

· 单位量 × 份数 = 总量

· 总量 ÷ 份数 = 单位量

· 总量 ÷ 单位量 = 份数

题目解析与答案

速度的秘密

场景1

解析：这是一道归一问题。要想算出麦当唠 1 小时能跑多远，首先要算出他每分钟跑多远。然后根据路程＝速度 × 时间，就能得出麦当唠 1 小时的奔跑距离。

麦当唠 1 分钟跑的距离：480÷6=80（米）

因为 1 小时 =60 分钟，所以，麦当唠 1 小时跑的距离就是：80×60=4800（米）。

列成综合算式：480÷6×60

              =80×60

              =4800（米）

答：麦当唠 1 小时能跑 4800 米。

场景2

解析：这是一道归一问题。由已知条件" 小蜗牛 6 分钟爬了 12 分米 "，可算出小蜗牛 1 分钟爬行的距离，然后根据路程－速度 × 时间，就能得出小蜗牛 5 分钟爬行的距离。

小蜗牛 1 分钟爬行的距离：12÷6=2（分米）

小蜗牛 5 分钟爬行的距离：2×5=10（分米）

小蜗牛一共爬行的距离：12+10=22（分米）

列成综合算式：12+12÷6×5

                  =12+2×5

                  =12+10

                  =22（分米）

答：小蜗牛一共爬行了 22 分米。

场景3

解析：这是双归一问题。要想知道平均 1 人 1 分钟算了几道题，可以先算出 5 个人 1 分钟算了几道题，再算出 1 人 1 分钟算了几道题。

5 个人 1 分钟算的题目数：40÷2=20（道）

平均 1 人 1 分钟算的题目数：20÷5=4（道）

列成综合算式：40÷2÷5

              =20÷5

              =4（道）

答：平均每人每分钟算了 4 道题。

场景4

解析：这是双归一问题。要想知道 5 只小猴子 2 天吃多少个桃，首先得知道 1 只小猴子 1 天吃多少个桃。由已知条件" 3 只小猴子 6 天能吃 72 个桃"，可算出 1 只小猴子 1 天吃的桃数。

1 只小猴子 1 天吃的桃数：72÷6÷3=12÷3=4（个）

5 只小猴子 2 天吃的桃数：4×5×2=20×2=40（个）

列成综合算式：72÷6÷3×5×2

              =12÷3×5×2

              =4×5×2

              =20×2

              =40（个）

答：5 只小猴子 2 天能吃 40 个桃。

计划有变

场景1

解析:这是典型的归总问题。麦当唠看的这本书的总页数是不变的,根据"总页数 = 每天看的页数 × 看的天数",可以求出总页数;再根据"每天实际看的页数 = 总页数 ÷ 实际看的天数",就能求出他实际每天看了多少页。

这本书的总页数:120×7=840(页)

实际上麦当唠每天看的页数:840÷5=168(页)

列成综合算式:120×7÷5

$$=840÷5$$

$$=168(页)$$

答:实际上他每天看了168页。

场景2

解析:可以把1人1天的工作量看作1份,由已知条件"40人18天可以完成",就可得到工作总量为40×18=720(份),工作总量始终保持不变。由已知条件"有10人临时有事来不了",也就是说,实际上只有40-10=30(人),可求出完成任务实际需要的天数。

完成这项任务的总量:40×18=720(份)

减少10人需要的天数:720÷(40-10)=720÷30=24(天)

列成综合算式:40×18÷(40-10)

$$=720÷30$$

$$=24(天)$$

答:完成这项任务实际需要24天。

场景3

解析：这是一道归总问题。从学校到广场的路程是不变的。由已知条件"东小西骑自行车，每分钟骑 120 米。东小西 5 分钟到广场"，可以算出从学校到广场的路程，再根据麦当唠的速度，从而得出他几分钟后能到广场。

从学校到广场的路程：$120×5=600$（米）

麦当唠到广场的时间：$600÷40=15$（分钟）

东小西还要等麦当唠的时间：$15-5=10$（分钟）

列成综合算式：$120×5÷40-5$

$\qquad\qquad =600÷40-5$

$\qquad\qquad =15-5$

$\qquad\qquad =10$（分钟）

答：还要等 10 分钟麦当唠才能到。

场景4

解析：这是典型的归总问题。这批装订纸的总页数是不变的，根据已知条件"如果每本订 18 页，这批纸可以装订 200 本"，可以得出这批纸张的总页数。每本少订 2 页，就是每本订 $18-2=16$（页），根据"总页数 ÷ 每本的页数 = 装订的本数"，就可以算出多装订的本数。

这批纸的总页数：$18×200=3600$（页）

每本少订 2 页，可以装订的本数：$3600÷(18-2)=3600÷16=225$（本）

多装订的本数：$225-200=25$（本）

列成综合算式：$18×200÷(18-2)-200$

$\qquad\qquad =3600÷16-200$

$\qquad\qquad =225-200$

$\qquad\qquad =25$（本）

答：可以多装订 25 本。

时间问题

场景1

解析：这是一道归一问题。要想知道麦当唠他们吃完 81 个饺子需要多长时间，首先得算出他们每分钟吃的饺子个数。由已知条件" 麦当唠他们 5 分钟吃了 45 个饺子 "，可以算出他们每分钟吃的饺子个数。

麦当唠他们每分钟吃的饺子数：45÷5=9（个）

吃完 81 个饺子需要的时间：81÷9=9（分钟）

列成综合算式：81÷（45÷5）

$$=81÷9$$

$$=9（分钟）$$

答：他们吃完 81 个饺子需要 9 分钟。

场景2

解析：这依然是归一问题。要想知道这本 360 页的图书东小西需要多长时间才能看完，我们首先需要知道东小西每分钟看多少页。由已知条件" 花了 30 分钟看了 120 页"，可以算出东小西每分钟看的页数。

东小西每分钟看的页数：120÷30=4（页）

这本书还没看的页数：360－120=240（页）

看完这本书还需要的时间：240÷4=60（分钟）

列成综合算式：（360－120）÷（120÷30）

$$=240÷4$$

$$=60（分钟）$$

答：他还需要 60 分钟才能看完这本书。

场景3

解析： 这是一道归一问题。要想知道剩下多少积木，首先必须知道要用多少积木搭房子。由已知条件"搭6座相同的房子用了36块积木"，可以算出，搭一座房子要用36÷6=6（块）积木。那么，58÷6=9（座）······4（块），所以58块积木可以搭9座房子，余下4块积木。

搭一座房子要用的积木数：36÷6=6（块）

58块积木可以搭的房子数：58÷6=9（座）······4（块）

列成综合算式：58÷（36÷6）

　　　　　　=58÷6

　　　　　　=9（座）······4（块）

答： 搭好9座房子后，会剩下4块积木没有用上。

场景4

解析： 这又是一道归一问题。要想知道麦当唠和麦悠悠拼60块拼图需要多少天，就得算出麦当唠和麦悠悠二人一天可以拼的拼图数。由已知条件"麦当唠3天一共拼了21块拼图，麦悠悠4天一共拼了20块拼图"，可算出麦当唠和麦悠悠一天分别可以拼多少块拼图。

麦当唠一天拼的拼图数：21÷3=7（块）

麦悠悠一天拼的拼图数：20÷4=5（块）

两人合作拼60块拼图需要的天数：60÷（7+5）=60÷12=5（天）

列成综合算式：60÷（21÷3+20÷4）

　　　　　　=60÷（7+5）

　　　　　　=60÷12

　　　　　　=5（天）

答： 他们两人一起合作拼好60块拼图需要5天。

合作与分工

场景1

解析： 这是双归总问题。要想知道他们 5 个人 4 小时一共做的手工作品数量，可以先算出 1 个人 4 小时做的手工作品数量，再算 5 个人 4 小时做的手工作品数量。

1 个人 4 小时做的手工作品数：5×4=20（件）
5 个人 4 小时做的手工作品数：20×5=100（件）
列成综合算式：5×4×5
　　　　　　　=20×5
　　　　　　　=100（件）
答： 5 个人 4 小时一共可以做 100 件手工作品。

场景2

解析： 这是双归总问题。我们将老板应付给厨师和服务员的工资分开计算，然后将二者相加，就可以得到老板总共要付的工资。根据"每周工作小时数 × 每小时应得工资 = 每周应付工资"，就可以分别计算出老板每周应付给厨师和服务员的工资。

老板每周应付给 3 名厨师的工资：100×36×3=10800（元）
老板每周应付给 3 名服务员的工资：80×38×3=9120（元）
老板每周应付给员工的工资：10800+9120=19920（元）
列成综合算式：100×36×3+80×38×3
　　　　　　　=10800+9120
　　　　　　　=19920（元）
答： 餐厅老板每周总共应该付给员工 19920 元。

场景3

解析：这是归总问题的变形。根据已知条件"一位同学单独完成需要 60 天"，可得出总任务量是 60 份。艺术小组的同学总共做了 3 天，而增加的 15 位同学工作 2 天完成的任务量是 15×2=30（份）。也就是说，艺术小组的同学完成的任务量是 60－30=30（份）。根据"任务总量 ÷ 工作时间 ＝ 工作效率"，这里的工作效率可以看作就是工作人数。

增加的 15 位同学完成的任务量：15×2=30（份）
艺术小组的同学完成的任务量：60－30=30（份）
艺术小组同学的人数为：30÷（1+2）=30÷3=10（位）
列成综合算式：（60－15×2）÷（1+2）

$$=（60－30）÷3$$
$$=30÷3$$
$$=10（位）$$

答：艺术小组有 10 位同学。

场景4

解析：这是比较复杂的归总问题。想要知道剩下的任务多少天才能完成，我们首先需要算出工作总量。由已知条件"原计划 60 人 80 天修完"，可以得到工作总量。由"工作 20 天后又增加了 30 人"，可算出已经完成的工作量和之后的工作人数，而工作效率可以看作工作人数，即 60+30=90（人）。

工作总量：60×80=4800（天）
已完成的工作量：60×20=1200（天）
剩下的部分需要的天数：（4800－1200）÷（60+30）

$$=3600÷90$$
$$=40（天）$$

列成综合算式：（60×80－60×20）÷（60+30）

$$= (4800 - 1200) \div 90$$
$$= 3600 \div 90$$
$$= 40（天）$$

答：剩下的部分再用 40 天可以完成。

紧急任务

场景1

解析：这道题是归一问题的变形。由已知条件"麦当唠和朱队友两个人40 分钟共打字 3600 个"，可计算出麦当唠和朱队友两个人 10 分钟共打字的个数：$3600 \div (40 \div 10) = 900$（个）。由已知条件"在相同时间内，麦当唠打字 2450 个，朱队友打字 2050 个"，可计算出两个人一共打字 2450+2050=4500（个），那么，"相同的时间"是 $4500 \div 900 \times 10 = 5 \times 10 = 50$（分钟），进而求出两个人 10 分钟各打多少个字。

麦当唠和朱队友两个人 10 分钟打字的个数：$3600 \div (40 \div 10) = 900$（个）
麦当唠和朱队友在相同时间内打字的个数：2450+2050=4500（个）
即"相同时间"为：$4500 \div 900 \times 10 = 5 \times 10 = 50$（分钟）
所以，麦当唠 10 分钟打字的个数：$2450 \div (50 \div 10) = 490$（个）
朱队友 10 分钟打字的个数：$2050 \div (50 \div 10) = 410$（个）
列成综合算式：
麦当唠：$2450 \div \{(2450+2050) \div [3600 \div (40 \div 10) \times 10 \div 10]\}$
$$= 2450 \div (4500 \div 900)$$
$$= 2450 \div 5$$
$$= 490（个）$$

朱队友：2050÷{(2450+2050)÷[3600÷(40÷10)×10÷10]}

　　　　=2050÷(4500÷900)

　　　　=2050÷5

　　　　=410（个）

答：麦当唠 10 分钟打 490 个字，朱队友 10 分钟打 410 个字。

场景2

解析：这道题是归一问题的变形。要想知道麦大叔买 5 斤苹果和 3 斤梨需花多少钱，首先要知道苹果和梨的单价。从题目给出的已知条件可得：3 斤苹果 +5 斤梨 =41 元，6 斤苹果 +5 斤梨 =47 元。两个等式中都出现了 5 斤梨，将等式两边相减，就能得出：3 斤苹果 =6 元，由此算出苹果的单价就是每斤 2 元，再算出梨的单价。最后计算 5 斤苹果和 3 斤梨需要花多少钱。

由题意可得：3 斤苹果 +5 斤梨 =41（元），6 斤苹果 +5 斤梨 =47（元）

两个等式相减，可得：3 斤苹果 =47－41=6（元）

所以，苹果的单价就是：6÷3=2（元）

所以，买 5 斤梨需要的钱数：41－6=35（元）

梨的单价就是：35÷5=7（元）

5 斤苹果和 3 斤梨需要的钱数：5×2+3×7

　　　　　　　　　　　　　=10+21

　　　　　　　　　　　　　=31（元）

答：麦大叔买 5 斤苹果和 3 斤梨需要花 31 元。

场景3

解析：这是道归总问题。题目的总量是保持不变的，由已知条件" 原计划由 18 位同学每人每天做 8 道题，7.5 天完成所有的题目 "，可算出总题量。再由"要求缩减为 4 天完成任务，同时增加 12 位同学来帮忙"，可算出现在每天每人需要做的题量。

总题量：18×8×7.5=1080（道）
现在每位同学每天需要做的题量：1080÷4÷（18+12）=9（道）
现在每位同学每天多做的题量：9－8=1（道）
列成综合算式：18×8×7.5÷4÷（18+12）－8
　　　　　　　=9－8
　　　　　　　=1（道）
答：现在每位同学每天需要多做 1 道题。

场景4

解析：这是一道归总问题的变形题。生产零件的总数是不变的。原计划 5 天可以生产的零件数是 40×5=200（个）。这 200 个零件就是前些天里实际比原计划多生产的。又因为实际每天比原计划多生产 10 个，所以一共生产了 200÷10=20（天）。再根据"每天生产的零件数 × 天数 = 生产总量"，就可以算出原计划生产的零件数。

原计划 5 天生产的零件数：5×40=200（个）
实际生产的天数：200÷10=20（天）
实际生产的零件数：20×（40+10）=20×50=1000（个）
列成综合算式：5×40÷10×（40+10）
　　　　　　　=200÷10×50
　　　　　　　=20×50
　　　　　　　=1000（个）
答：原计划生产 1000 个零件。

思维导图

正归一：
一辆汽车3小时行驶150千米，照这样的速度，它7小时能行驶多少千米？

反归一：
一辆汽车3小时行驶150千米，照这样的速度，它行驶250千米需要多长时间？

概念

解题思路

两次归一：
2台拖拉机4天耕地32公顷，照这样计算，5台拖拉机7天耕地多少公顷？

归一问题

总数÷份数=单位量

总数÷单位量=份数

数量关系

单位量×份数=总数

归一归总问题

解题思路：
每个单位的量不变，先求出每份的量，再求对应若干份的总量。

含义：
先通过已知条件求出总数量再求出最后问题中的每份的量或份数，这类问题我们称为"归总问题"。

含义

数量关系

单位量 × 份数 = 总数

总数 ÷ 份数 = 单位量

总数 ÷ 单位量 = 份数

归总问题

解题思路

解题思路：
先求出"总数量"，再求对应的每份的量。

图书在版编目（ＣＩＰ）数据

数学少年团的 x 历险．女巫的 x 谜案／董翠玲著；
老渔绘．－－广州：新世纪出版社，2022.04
　　ISBN 978-7-5583-3068-1

　　Ⅰ.①数… Ⅱ.①董… ②老… Ⅲ.①数学 – 少儿读
物 Ⅳ.① O1-49

中国版本图书馆 CIP 数据核字（2021）第 220061 号

数学少年团的 x 历险·女巫的 x 谜案
SHUXUE SHAONIAN TUAN DE x LIXIAN·NVWU DE x MI AN
董翠玲◎著　老渔◎绘

出 版 人：陈少波
责任编辑：崔晋京
责任校对：李　丹
美术编辑：老　狼
装帧设计：金牍文化·车球

出版发行：新世纪出版社
（广州市大沙头四马路 10 号）
经　　销：全国新华书店
印　　刷：北京汇瑞嘉合文化发展有限公司
开　　本：710mmx1000mm　1/16
印　　张：5
字　　数：52.3 千
版　　次：2022 年 4 月第 1 版
印　　次：2022 年 4 月第 1 次印刷
书　　号：ISBN 978-7-5583-3068-1
定　　价：35.00 元

质量监督电话：020-83797655　购书咨询电话：010-65541379

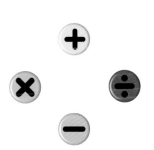

数学少年团的X历险

x分之一的决战

董翠玲 著　老渔 绘

SPM
南方出版传媒
新世纪出版社
·广州·

人物介绍

班长、学霸、人缘好。别看她一副很好说话的样子，可发起脾气来……（想象一下火山爆发……）

直脾气，易冲动。爱好之一是抬杠，你说东他偏要说西，只有一个人能制得住他——班长涵涵。

涵涵

伍十斤

著名"漫画演员"，名字来源有二：第一，他爸爸麦大叔喜欢吃麦当劳；第二，他话多，爱"唠"（lào）。他是大家的开心果，朱队友的好友。虽然和朱队友做朋友有"风险"，他还是坚持了下来。

麦当唠

朱队友

东小西

麦当唠赶都赶不走的好友。不论何时何地，他都全心全意围绕在麦当唠左右，给麦当唠制造层出不穷的"惊喜"。他贪吃贪睡，但做事认真，而且超级热心。

出手阔绰，除了爱显摆，也没有什么致命的缺点，因为有这一点就够了。

目录

X 分之一的飞行

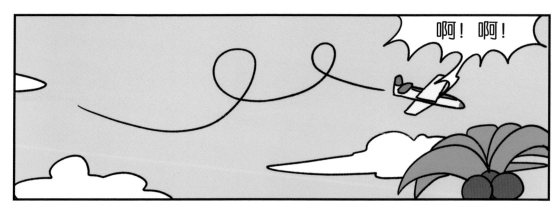

你们在这里不要动，我到周围看看，寻求一下帮助。

登机之前，我听到飞行员说油箱中还剩 $\frac{2}{3}$ 的油。

我听到的是，之前已经飞行了 300 千米。

哦，$\frac{1}{3}$ 的油供飞机飞了 300 千米，那么，剩余 $\frac{2}{3}$ 的油还能供飞机飞两个 300 千米，也就是说我们飞行了 600 千米。

另外一种算法就是：$300 \div \frac{1}{3} = 900$（千米），900 千米是飞机满油能飞的总里程数。这是已知部分求总量的计算方法。得出的结论同样是我们飞行了 600 千米。

熊……熊

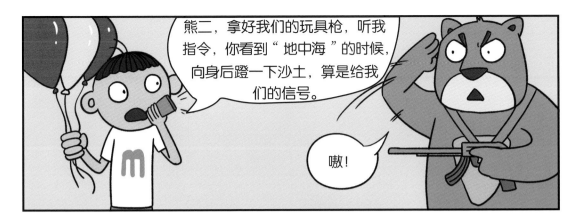

谁多谁少

场景1

麦当唠和麦悠悠一起做手工，麦当唠做了 10 件手工作品，麦悠悠做了 8 件手工作品。麦悠悠做的手工作品是麦当唠的几分之几？

请将你的解答过程写在下面的横线上。

场景2

请将你的解答过程写在下面的横线上。

场景3

请将你的解答过程写在下面的横线上。

场景4

请将你的解答过程写在下面的横线上。

这片小树林以前有 1000 棵树，现在只剩下 600 棵，被砍掉的树有 $\frac{1}{4}$ 被运走了。他用那辆大货车运树，已经运走两次了。

1000－600=400（棵），400 棵树被砍掉了。

$400 \times \frac{1}{4}$ =100（棵），"地中海"拉走了 100 棵树。

100÷2=50（棵），他每次运走 50 棵树。

想让树木留下，我们只要阻止那辆大货车就行了。

如果轮胎没有气，大货车就无法行驶了。树木运不走，"地中海"就不会再去砍树了。我们去把货车轮胎的气放掉。

营地

我的屁股好痛啊!

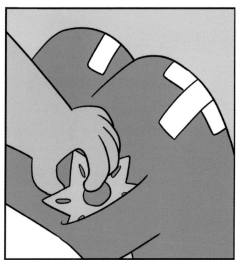

这个借我用一下,你先休息,这次看我的!

这枚徽章很珍贵,千万别弄坏了!

两两对比

场景1

请将你的解答过程写在下面的横线上。

场景2

东小西打算把自己的一部分图书捐给学校图书馆。他第一次捐了 10 册，第二次捐的图书数量是第一次的 $\frac{1}{2}$。东小西两次一共捐了多少册图书？

请将你的解答过程写在下面的横线上。

场景3

请将你的解答过程写在下面的横线上。

请将你的解答过程写在下面的横线上。

牢狱之灾

你们报假案，加上诬陷好人、冒犯警长，三罪合一，依法处以 10 天拘留。

老大说这个月咱们一共抓了 45 名犯人，其中 $\frac{1}{3}$ 是 A 组抓的，$\frac{1}{5}$ 是 B 组抓的，那咱们 C 组到底抓了多少人啊?

对啊，C 组抓了几个人啊? 你应该会算，我很好奇!

$45 \times (1 - \frac{1}{3} - \frac{1}{5}) = 45 \times \frac{7}{15} = 21$（人），他们这个组抓的人是最多的。

脑袋发芽那小子，嘀咕什么呢? 不许说话，你，靠墙站着，脚后跟、屁股、后脑勺都贴紧墙壁。

熊胆上个月 12000 元一个，听说最近价格又涨了 $\frac{1}{3}$！

熊掌也涨价啦，上个月还是 2000 元，听说这个月也涨了 $\frac{1}{4}$。虽然算不出来能赚多少钱，但这个月咱们的奖金肯定不少啦！

一个熊胆现在的价格是 $12000 \times (1 + \frac{1}{3}) = 16000$（元），2 个熊胆就 32000 元；一个熊掌现在的价格是 $2000 \times (1 + \frac{1}{4}) = 2500$（元），两只熊有 8 个熊掌，就是 20000 块。这兄弟俩够值钱的，如果不救它们出去，它们一定会被卖到黑市的。

小伙子，想逃出去吗？

三者相较

请将你的解答过程写在下面的横线上。

场景2

学校开办了很多兴趣组，麦悠悠所在的班级有 30 人参加美术组，参加生物组的人数是美术组的 $\frac{1}{3}$，参加航模组的人数是生物组的 $\frac{4}{5}$。参加航模组的有多少人？

请将你的解答过程写在下面的横线上。

37

场景3

请将你的解答过程写在下面的横线上。

场景4

请将你的解答过程写在下面的横线上。

39

用这个铲子挖地洞，每 10 分钟大约能挖 $\frac{1}{6}$ 米。

咱们这个木桩一共 1.5 米长，要留 $\frac{1}{3}$ 在地面以上，其余的要埋起来。

埋木桩的地洞，需要挖多长时间呢？

我来告诉你吧：$1.5 \times (1 - \frac{1}{3}) = 1$（米），我们需要挖 1 米深的地洞。10 分钟能挖 $\frac{1}{6}$ 米地洞，挖 1 米地洞需要 $10 \div \frac{1}{6} = 60$（分钟）。我们需要 60 分钟才能挖好埋木桩的地洞。

这辆车竟比原来的大一倍！！！

"地中海"彻底疯了。现在他砍伐树木的速度十分惊人，以前他一天最多砍 25 棵树，只是现在的 $\frac{1}{4}$ 啊。照这个速度，这里剩下的 600 棵树，几天就会被他砍光吧。

三个镇的燃料全被我买来了，我从 A 镇买了 1800 升，从 B 镇买了 1200 升，加在一块才占总量的 30%。我要烧光这些树。你们谁也跑不了，要怪就怪你们毁我的汽车、毁我的事业！

完了！一万升！淹都淹死了！

谁告诉你的？

这些天你们每天都在用分数解问题，连我都听会了：知道总量求分量用乘法，知道分量求总量用除法。(1800+1200)÷30%=10000（升）。

这么多？我们不得被烧成灰啊？！

大家照我说的做，不但能帮助两头熊摆脱困境，还能让"地中海"自食其果。涵涵，你拿着东小西的望远镜帮我们放哨。兄弟们，我们去挖土。

七把铁锹

被烧过的土

地中海基地

47

部分与总量

请将你的解答过程写在下面的横线上。

48

场景2

请将你的解答过程写在下面的横线上。

麦大叔给麦当唠和麦悠悠一共买了56件玩具，其中，给麦当唠的玩具比给麦悠悠的玩具多 $\frac{2}{3}$。麦当唠和麦悠悠的玩具各有多少?

请将你的解答过程写在下面的横线上。

场景4

请将你的解答过程写在下面的横线上。

53

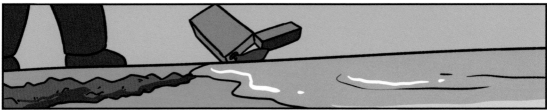

58

59

比例问题

请将你的解答过程写在下面的横线上。

场景2

学校的老教师人数是教师总人数的 $\frac{2}{15}$，青年教师人数是教师总人数的 $\frac{8}{15}$，老教师比中年教师少 30 人。学校的中年教师有多少人？

请将你的解答过程写在下面的横线上。

请将你的解答过程写在下面的横线上。

场景4

请将你的解答过程写在下面的横线上。

分数问题的基础知识

分数的分子和分母同时乘以或除以一个相同的数（0除外），分数的大小不变。这是分数的基本性质。

分数除了可以表示具体的数量，还可以表示一个数占另一个数的几分之几。利用分数的意义及分数四则运算来解答的应用题就是分数应用题。

分数应用题通常有三种类型

1 求一个数是另一个数的几分之几的除法应用题。

2 求一个数的几分之几是多少的乘法应用题。

3 已知一个数的几分之几是多少，求这个数的除法应用题。

要想正确解答分数应用题，最重要的是学会分析分数应用题中的数量关系，特别是要正确判定以谁作为标准解题，即单位"1"；再判断使用乘法或除法，找出等量关系式，确定解答的方法。

分数应用题中的几分之几如果是百分数，就是百分数应用题。解答百分数应用题同样要分清以谁作为标准，对于要求增加、减少、超过或下降百分之几的应用题，要弄清谁和谁比较，明确增加、减少、超过或下降的数是谁的百分之几。

题目解析与答案

谁多谁少

场景1

解析：要求出麦悠悠的手工作品是麦当唠手工作品的几分之几，就是以麦当唠手工作品的件数为单位"1"。

$$8 \div 10 = \frac{8}{10} = \frac{8 \div 2}{10 \div 2} = \frac{4}{5}$$

答：麦悠悠做的手工作品是麦当唠的 $\frac{4}{5}$ 。

场景2

解析：要想求出麦当唠比麦悠悠多做几分之几，就要以麦悠悠手工作品的件数为单位"1"；要想求出麦悠悠比麦当唠少做几分之几，就要以麦当唠手工作品的件数为单位"1"。

麦当唠比麦悠悠多做几分之几：$(10-8) \div 8 = \frac{2}{8} = \frac{2 \div 2}{8 \div 2} = \frac{1}{4}$

麦悠悠比麦当唠少做几分之几：$(10-8) \div 10 = \frac{2}{10} = \frac{2 \div 2}{10 \div 2} = \frac{1}{5}$

答：麦当唠比麦悠悠多做 $\frac{1}{4}$ ，麦悠悠比麦当唠少做 $\frac{1}{5}$ 。

场景3

解析： 正确率就是正确的数量占总量的几分之几或百分之几（通常用分数表示）。我们首先需要分别算出两天的正确率，然后再比较它们的大小。

第一天的正确率：$9 \div 12 = \frac{9}{12} = \frac{3}{4}$

第二天的正确率：$12 \div 15 = \frac{12}{15} = \frac{4}{5}$

$\frac{4}{5} - \frac{3}{4} = \frac{16}{20} - \frac{15}{20} = \frac{1}{20}$

列成综合算式：$(12 \div 15) - (9 \div 12)$

$$= \frac{12}{15} - \frac{9}{12}$$

$$= \frac{4}{5} - \frac{3}{4}$$

$$= \frac{16}{20} - \frac{15}{20}$$

$$= \frac{1}{20}$$

答： 第二天的正确率更高，高 $\frac{1}{20}$。

场景4

解析： 根据"他第一天未看完的页数正好是他这两天已看完部分的页数"，可得出麦当唠第一天未看完的页数是 160+96=256（页），第二天已看完部分的总页数也是 256 页。据此，我们就可以分别求出这本书的总页数以及现在麦当唠剩下没看的页数。

麦当唠第一天未看的页数：160+96=256（页）

所以，这本书的总页数：160+256=416（页）

剩下的页数 = 全书总页数 − 前两天看的页数 =416 − （160+96）=160（页）

所以，剩下没看完的页数占总页数的比例：$160 \div 416 = \frac{5}{13}$

答： 麦当唠剩下没看完的页数占这本书总页数的 $\frac{5}{13}$。

两两对比

场景1

解析：根据题目给出的条件"麦悠悠书架上的图书是麦当唠的 $\frac{5}{6}$"，我们把麦当唠拥有的图书数看作单位"1"，可知麦悠悠的图书数 = 麦当唠的图书数 $\times \frac{5}{6}$。

麦悠悠的图书数：$42 \times \frac{5}{6} = 35$（册）
答：麦悠悠有 35 册图书。

场景2

解析：由"第二次捐的图书数量是第一次的 $\frac{1}{2}$"，将第一次捐的数量看作单位"1"，由此我们就可以得出第二次捐的图书数量，最后求出第一次和第二次捐的图书总量。

东小西第二次捐的图书数量：$10 \times \frac{1}{2} = 5$（册）
两次一共捐的图书数量：$10 + 5 = 15$（册）

列成综合算式：$10 \times \frac{1}{2} + 10$
$\qquad\qquad = 5 + 10$
$\qquad\qquad = 15$（册）
答：东小西两次一共捐了 15 册图书。

场景3

解析：这道题有两种解答方法。第一种，我们找到单位"1"，也就是标准量，即麦当唠种的 15 棵树。麦悠悠种的树是单位"1"的多少呢？比单位"1"少 $\frac{1}{3}$ ，可知麦悠悠种的树是单位"1"的 $\frac{2}{3}$ ，进而求出麦悠悠的种树量。第二种，麦悠悠的树比单位"1"少，少多少棵呢? 也就是先求出麦当唠种的树的 $\frac{1}{3}$ 是多少，进而求麦悠悠种了多少棵树。

方法一：

麦悠悠种树的棵数：$15 \times (1 - \frac{1}{3}) = 15 \times \frac{2}{3} = 10$（棵）

答：麦悠悠种了 10 棵树。

方法二：

麦悠悠种树的棵数：$15 - 15 \times \frac{1}{3} = 15 - 5 = 10$（棵）

答：麦悠悠种了 10 棵树。

场景4

解析：由"麦悠悠 5 分钟跑了 270 米"，我们首先可以算出麦悠悠跑步的速度是 $270 \div 5 = 54$（米 / 分钟）。将麦悠悠的速度看作单位"1"，由"朱队友的速度比麦悠悠快 $\frac{1}{2}$ "，可算出朱队友的速度是 $54 \times (1 + \frac{1}{2}) = 81$（米 / 分钟）。"麦当唠跑步的速度比朱队友快 $\frac{1}{3}$ "，此时的单位"1"变成了朱队友的速度，由此可算出麦当唠的速度 $81 \times (1 + \frac{1}{3}) = 108$（米 / 分钟）。

麦悠悠的跑步速度：$270 \div 5 = 54$（米 / 分钟）

朱队友的跑步速度：$54 \times (1 + \frac{1}{2}) = 81$（米 / 分钟）

麦当唠的跑步速度：$81 \times (1 + \frac{1}{3}) = 108$（米 / 分钟）

列成综合算式：$270 \div 5 \times (1 + \frac{1}{2}) \times (1 + \frac{1}{3})$

$$= 270 \div 5 \times \frac{3}{2} \times \frac{4}{3}$$

$$= 54 \times \frac{3}{2} \times \frac{4}{3}$$

$$= 81 \times \frac{4}{3}$$

$$= 108 \text{（米 / 分钟）}$$

答：麦当唠的跑步速度是 108 米 / 分钟。

三者相较

场景1

解析：根据题意，妈妈切了整个蛋糕的 $\frac{1}{4}$ 给麦悠悠，而麦悠悠只吃了这 $\frac{1}{4}$ 蛋糕的 $\frac{1}{3}$，所以，分清两个分数各自的单位"1"，我们就能得出这道题的答案。第一次的 $\frac{1}{4}$ 是以整块蛋糕为单位"1"，第二次的 $\frac{1}{3}$ 是以第一次切下来的 $\frac{1}{4}$ 为单位"1"。

麦悠悠吃的蛋糕占整个蛋糕的比例为：$\frac{1}{4} \times \frac{1}{3} = \frac{1}{12}$

答：麦悠悠吃了整块蛋糕的 $\frac{1}{12}$。

场景2

解析：根据题意"参加生物组的人数是美术组的 $\frac{1}{3}$"，我们可算出生物组的人数；再根据"参加航模组的人数是生物组的 $\frac{4}{5}$"，我们可算出航模组的人数。

参加生物组的人数：$30 \times \frac{1}{3} = 10$（人）

参加航模组的人数：$10 \times \frac{4}{5} = 8$（人）

列成综合算式：$30 \times \frac{1}{3} \times \frac{4}{5}$

$$= 10 \times \frac{4}{5}$$

$$= 8 \text{（人）}$$

答：参加航模组的有 8 人。

场景3

解析：玩具原价是100元，"五一"期间降价$\frac{1}{10}$，此时应将原价当作单位"1"，也就是说，"五一"期间玩具的价格是$100\times(1-\frac{1}{10})=$90（元）。"十一"之后又涨价$\frac{1}{10}$，是在"五一"期间价格的基础上涨了$\frac{1}{10}$，此时应将"五一"期间的价格当作单位"1"，所以，此时的价格应该$90\times(1+\frac{1}{10})$。

"五一"期间的价格为：$100\times(1-\frac{1}{10})=90$（元）
"十一"之后的价格为：$100\times(1-\frac{1}{10})\times(1+\frac{1}{10})$
$$=90\times\frac{9}{10}$$
$$=99（元）$$

答：这件玩具的价格在"五一"期间是90元，"十一"之后是99元。

场景4

解析:根据题意"麦大叔买了90个苹果，他把其中的$\frac{1}{3}$给了麦当唠"，可求出麦当唠得到的苹果个数为30，并由此求出剩余的苹果个数。由"余下的$\frac{1}{5}$去掉2个给了麦悠悠，再把剩下的苹果给了朱队友"，可求出朱队友得到的苹果个数。

麦悠悠得到的苹果个数：$(90-90\times\frac{1}{3})\times\frac{1}{5}-2=10$（个）
朱队友得到的苹果个数：$90-90\times\frac{1}{3}-10=50$（个）
朱队友得到的苹果比麦当唠的多出：$50-30=20$（个）

答：朱队友得到的苹果比麦当唠的多20个。

部分与总量

场景1

解析：根据题意"他拿出其中的 $\frac{3}{4}$ 送给朱队友，朱队友回家称了自己得到的苹果，重量是 15 千克"可知，麦当唠买的这袋苹果的 $\frac{3}{4}$ 的重量是 15 千克。将这袋苹果的重量看作单位"1"，它的 $\frac{3}{4}$ 是 15 千克，我们就能算出这袋苹果的总重量。

麦当唠买的这袋苹果重量：$15 \div \frac{3}{4} = 20$（千克）

答：麦当唠从市场买了 20 千克苹果。

场景2

解析：根据题意"吃了 15 千克，正好是这袋面粉的 $\frac{3}{5}$"可知，这袋面粉的 $\frac{3}{5}$ 正好是 15 千克，由此我们可算出这袋面粉的总重量。将面粉的总重量减去吃掉的面粉，就是剩下面粉的重量。

这袋面粉的总重量：$15 \div \frac{3}{5} = 25$（千克）
剩下面粉的重量：$25 - 15 = 10$（千克）
列成综合算式：$15 \div \frac{3}{5} - 15$
$\qquad\qquad\quad = 25 - 15$
$\qquad\qquad\quad = 10$（千克）

答：麦大叔买的面粉还剩 10 千克。

解析：根据题目给出的条件"给麦当唠的玩具比给麦悠悠的玩具多 $\frac{2}{3}$"，我们将麦悠悠的玩具数量看作单位"1"，而麦悠悠的玩具数 $\times(1+\frac{2}{3})=$ 麦当唠的玩具数。两人的玩具总数是 56 件，也就是说，麦悠悠的玩具数 + 麦悠悠的玩具数 $\times(1+\frac{2}{3})=56$。

麦悠悠的玩具数：$56\div(1+1+\frac{2}{3})=56\div2\frac{2}{3}=21$（件）
麦当唠的玩具数：$56-21=35$（件）

答：麦当唠的玩具有 35 件，麦悠悠的玩具有 21 件。

场景4

解析：第一次剪去了绳子的 $\frac{1}{3}$，所以余下绳子的 $\frac{2}{3}$。第二次剪去余下绳子的 $\frac{4}{5}$，也就是剪去整根绳子的 $\frac{2}{3}\times\frac{4}{5}=\frac{8}{15}$。两次共剪去 26 米，也就是说，第一次剪去绳子的 $\frac{1}{3}$ 和第二次剪去绳子的 $\frac{8}{15}$ 合在一起是 26 米，由此，我们可以求出整根绳子的长度。

第二次剪去整根绳子的 $(1-\frac{1}{3})\times\frac{4}{5}=\frac{8}{15}$

第一次和第二次总共剪去整根绳子的 $\frac{1}{3}+\frac{8}{15}=\frac{5}{15}+\frac{8}{15}=\frac{13}{15}$

绳子的总长度：$26\div\frac{13}{15}=30$（米）

列成综合算式：$26\div[(1-\frac{1}{3})\times\frac{4}{5}+\frac{1}{3}]$

$$=26\div(\frac{8}{15}+\frac{1}{3})$$
$$=26\div\frac{13}{15}$$
$$=30（米）$$

答：这根绳子原来长 30 米。

比例问题

场景1

解析：根据题意，麦当唠的班级订了 20 份，那么，征订份数的 $\frac{3}{10}$ 就是 $20 \times \frac{3}{10}$ =6（份）。也就是说，麦悠悠的班级征订份数的 $\frac{1}{4}$ 是 6 份，由此我们可算出麦悠悠班征订的份数。

麦当唠的班级征订份数的 $\frac{3}{10}$：$20 \times \frac{3}{10}$ =6（份）

麦悠悠的班级征订份数：$6 \div \frac{1}{4}$ =24（份）

列成综合算式：$20 \times \frac{3}{10} \div \frac{1}{4}$

$\qquad =6 \div \frac{1}{4}$

$\qquad =24$（份）

答：麦悠悠的班级征订了 24 份。

场景2

解析：我们将学校的教师总人数看作单位"1"，根据"老教师人数是教师总人数的 $\frac{2}{15}$，青年教师人数是教师总人数的 $\frac{8}{15}$"，可知，中年教师占所有教师人数的 $1 - \frac{2}{15} - \frac{8}{15} = \frac{1}{3}$。由此，我们可以求出教师总人数是 $30 \div (\frac{1}{3} - \frac{2}{15})$=150 人，再求出中年教师的人数。

中年教师占所有教师人数的比例：$1 - \frac{2}{15} - \frac{8}{15} = \frac{1}{3}$

教师的总人数：$30 \div [(1 - \frac{2}{15} - \frac{8}{15}) - \frac{2}{15}] = 30 \div (\frac{1}{3} - \frac{2}{15})$

$\qquad =150$（人）

学校中年教师的人数：$150 \times \frac{1}{3}$ =50（人）

答：学校的中年教师有 50 人。

场景3

解析：根据题意，我们可以发现单位"1"（总人数）和女生人数都发生了变化，而男生人数是保持不变的。因此，我们首先根据"麦悠悠班共有 45 人，其中女生占总数的 $\frac{4}{9}$"，算出男生的人数：$45 \times (1 - \frac{4}{9}) = 25$（人）。转来几名女生后，男生的人数仍然是 25 名，但是男生此时占总人数的 $(1 - \frac{6}{11})$，我们就可以算出现在班上的总人数，由此得出现在女生的人数。

男生的人数：$45 \times (1 - \frac{4}{9}) = 25$（人）

现在的总人数：$25 \div (1 - \frac{6}{11}) = 55$（人）

所以，增加的女生人数为：$55 - 45 = 10$（人）

列成综合算式：$45 \times (1 - \frac{4}{9}) \div (1 - \frac{6}{11}) - 45$

$$= 25 \div \frac{5}{11} - 45$$
$$= 55 - 45$$
$$= 10（人）$$

答：班上转来了 10 名女生。

场景4

解析：根据题意"每人 3 个橘子，每 2 人 3 个苹果，每 4 人 3 根香蕉，最后又给每人发 1 个梨"，可知，每名同学分到的各种水果个数分别是：橘子 3 个、苹果 $\frac{3}{2}$ 个、香蕉 $\frac{3}{4}$ 根、梨 1 个。如果我们将所有这些水果看作是"一种水果"，那么，我们就可以说每名同学分到的水果是 $(3 + \frac{3}{2} + \frac{3}{4} + 1)$ 个。一共发了 200 个水果，我们可以据此求出班上同学的人数。

麦悠悠班上的人数：$200 \div (3 + \dfrac{3}{2} + \dfrac{3}{4} + 1) = 200 \div 6\dfrac{1}{4} = 32$（名）

橘子的数量：$3 \times 32 = 96$（个）

苹果的数量：$32 \times \dfrac{3}{2} = 48$（个）

香蕉的数量：$32 \times \dfrac{3}{4} = 24$（根）

梨子的数量：$32 \times 1 = 32$（个）

答：麦悠悠班上有 32 名同学。橘子有 96 个，苹果有 48 个，香蕉有 24 根，梨有 32 个。

含义：
用分数的意义及分数
四则运算来解答的应
用题就是分数应用题。

基本性质：
分数的分子和分母同时乘或
除以一个相同的数（0除外），
分数的大小不变。

基本性质

求一个数是另一个数的
几分之几的除法应用题。

常见题型

求一个数的几分之几是
多少的乘法应用题。

已知一个数的几分之几是多少，
求这个数的除法应用题。

单位"1"的量×分率 = 分率对应量

看清分率

找准单位"1"的量

含义

分数问题

分数应用题

解决方法

列算式

确定单位 "1" 是已知还是未知

图书在版编目（ＣＩＰ）数据

　　数学少年团的 x 历险 . x 分之一的决战 / 董翠玲著；
老渔绘 . —— 广州：新世纪出版社，2022.04
　ISBN 978-7-5583-3070-4

　　Ⅰ . ①数… Ⅱ . ①董… ②老… Ⅲ . ①数学 – 少儿读
物 Ⅳ . ① O1-49

中国版本图书馆 CIP 数据核字〔2021〕第 220057 号

数学少年团的 x 历险·x 分之一的决战
SHUXUE SHAONIAN TUAN DE x LIXIAN · x FEN ZHI YI DE JUEZHAN
董翠玲◎著　老渔◎绘

出 版 人：陈少波
责任编辑：崔晋京
责任校对：李　丹
美术编辑：老　狼
装帧设计：金牍文化·车球

出版发行：新世纪出版社
　　　　　（广州市大沙头四马路 10 号）
经　　销：全国新华书店
印　　刷：北京汇瑞嘉合文化发展有限公司
开　　本：710mmx1000mm　1/16
印　　张：5
字　　数：52.3 千
版　　次：2022 年 4 月第 1 版
印　　次：2022 年 4 月第 1 次印刷
书　　号：ISBN 978-7-5583-3070-4
定　　价：35.00 元

质量监督电话：020-83797655　购书咨询电话：010-65541379

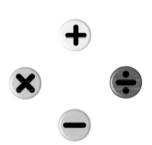

数学少年团的 X 历险
的 X 历险
龙鱼的 X 任务

董翠玲 著　　老渔 绘

SPM
南方出版传媒
新世纪出版社
·广州·

人物介绍

班长、学霸、人缘好。别看她一副很好说话的样子，可发起脾气来……（想象一下火山爆发……）

直脾气，易冲动。爱好之一是抬杠，你说东他偏要说西，只有一个人能制得住他——班长涵涵。

涵涵

伍十斤

著名"漫画演员"，名字来源有二：第一，他爸爸麦大叔喜欢吃麦当劳；第二，他话多，爱"唠"（lào）。他是大家的开心果，朱队友的好友。虽然和朱队友做朋友有"风险"，他还是坚持了下来。

麦当唠

朱队友

东小西

麦当唠赶都赶不走的好友。不论何时何地，他都全心全意围绕在麦当唠左右，给麦当唠制造层出不穷的"惊喜"。他贪吃贪睡，但做事认真，而且超级热心。

出手阔绰，除了爱显摆，也没有什么致命的缺点，因为有这一点就够了。

目录

6

你还好吗?

求求你,让我一个人静一静好不好?

我听我爸爸说,养鱼能赚钱!

. . . . . .

好吧,我再信你一次。

听说养龙鱼最赚钱。假如一条龙鱼小鱼苗进价10块钱,养大一些后拿去卖,定价200块钱,打5折卖,100块钱,利润率还有900%!

这条龙鱼多少钱?

3000 块。

20 厘米

这条呢?

5000 块。

30 厘米

我们有 30 块钱,能买多大的?

这么大的。

1 厘米

只要养到 20 多厘米,就能赎回爷爷的勋章啦!

哥哥,我的蓝头绳你看见了吗?

没有。

我以前都不知道,龙鱼拉的便便是蓝色的。

做生意

请将你的解答过程写在下面的横线上。

场景2

请将你的解答过程写在下面的横线上。

场景3

商场里的一件商品进价为 400 元，标价为 600 元。近期市场销售情况不好，商店要求以不赔本的售价打折出售，最低可以打几折？若这件商品有大量库存，商店要求以赔本不超过 5% 的售价打折出售，最低可以打几折？

请将你的解答过程写在下面的横线上。

场景4

请将你的解答过程写在下面的横线上。

15

养龙鱼的生意经

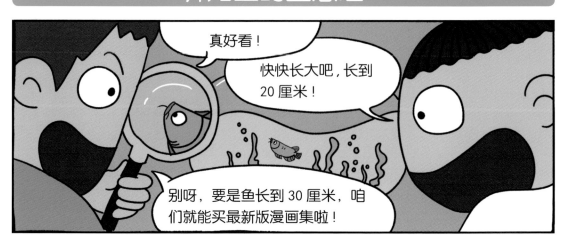

我们算算能赚多少钱。

根据利润率 = $\dfrac{利润}{进价} \times 100\%$，

如果小龙鱼长到 20 厘米，利润率就是：

$(3000-30) \div 30 \times 100\% = 9900\%$。

如果小龙鱼长到 30 厘米，利润率就是：

$(5000-30) \div 30 \times 100\% \approx 16567\%$。

哎呀！要想龙鱼变得更有价值，光有足够的长度，看来还不够！

咱们从网上买鱼食吧！

什么意思？光长长不行，还得长胖是吗？

要想拥有极佳的颜色和身材，需要投喂上好的鱼食。好贵啊！如果养到30厘米，光鱼食就至少需要花上千块钱。

上千？

之前我们计算的利润率有误：
利润率 = (5000 － 1000 － 30) ÷ (1000+30)
≈ 385%。

那也挺高的嘛！

可是，据说小龙鱼长成高品质大龙鱼的概率不足5%，难怪不是人人都来养鱼。

我们的钱都用来买龙鱼和哈根达斯了，这可怎么办？

只能试试这个办法了！

东小西家

我的情况你也知道，如果不赔钱，伍十斤就不还我爷爷的勋章，我们想要养鱼赚钱，还差点启动资金，借我们点吧！

从我这儿贷款没问题，但我可是要利息的。

头一次听说，还要利息。

这属于商业行为，当然要支付利息。这样吧，我就按照月息1%收取利息，很优惠吧？

如果3个月之后还钱，那么利息就是：本金×利率×期数=1000×1%×3=30（元）。

麦当唠家

龙哥好幸福，我从小到大还没有用贷款买过好吃的，这可是带利息的！

沙·········沙·········

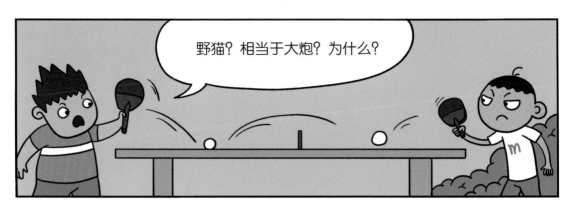

野猫？相当于大炮？为什么？

因为它……

具有强大的……

毁灭力！

有一年，我养了一对仓鼠。后来它们生了一窝小仓鼠，因为家里地方不够大，妈妈就把笼子放在了楼道。

半夜妈妈听见外面有声音……

推门一看……

再后来，我们还养过鸟。

还有金鱼。

不好！龙哥有危险！

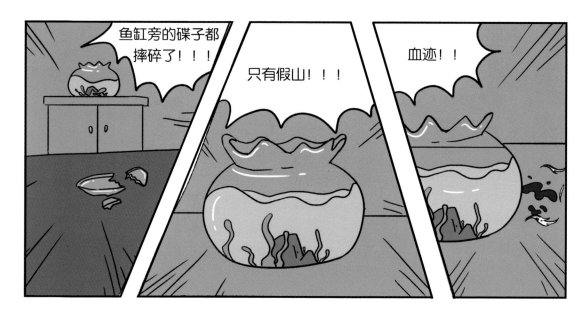

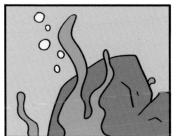

钱生钱

麦当唠把 500 元压岁钱按定期 1 年存入银行，1 年期存款的年利率是 1.98%。等到期支取时，麦当唠获得的利息是多少?

请将你的解答过程写在下面的横线上。

场景2

请将你的解答过程写在下面的横线上。

_____

_____

_____

_____

_____

场景3

麦大叔将 20000 元存入银行，定期 3 年，年利率是 2.75%。到期后，麦大叔又将获得的利息和 20000 元重新存入银行，定期 1 年，年利率是 1.98%。等再到期后，麦大叔准备将这笔钱全部捐给希望工程，请问麦大叔捐给希望工程多少钱？

请将你的解答过程写在下面的横线上。

场景4

请将你的解答过程写在下面的横线上。

我家养了一条神奇的鱼，它什么都能吃，不仅吃掉了我妹妹的头绳，还吃掉了野猫的半条尾巴！

你不是在吹牛吧？

我可以去看看吗？

我也可以去吗？

大家安静，为了养这条鱼，我们花了巨资。所以，参观是要收费的，每人每次参观半小时，费用 20 元。

哈哈，这回我要发财了。假如我们第一个星期收 200 元参观费，此后每周增长率为 25%，200×(1+25%)=250（元），哇，第二个星期我们就能收到 250 元啦！照这个挣钱速度，我天天都可以吃哈根达斯啦！

麦当唠家的小区

我们在这些石头上涂上香精。

老大？涂这个有什么用？

老大送的是"糖衣炮弹"。

它要是上当，吃了这些石头，就会因为消化不良而死掉！

咔！
咔！ 咔！

哒！
哒！ 哒！

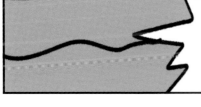

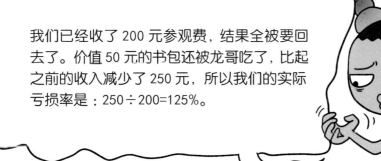

我们已经收了 200 元参观费，结果全被要回去了。价值 50 元的书包还被龙哥吃了，比起之前的收入减少了 250 元，所以我们的实际亏损率是：250÷200=125%。

特价促销

商家原本想将一套家具按成本加 6 成利润率定价出售，但是放了很久都无人问津。商家只好给出优惠条件，降价至标价的 72% 出售。最终，麦大叔花了 6336 元买了这套家具。请问这套家具的成本是多少元呢？

请将你的解答过程写在下面的横线上。

36

场景2

请将你的解答过程写在下面的横线上。

请将你的解答过程写在下面的横线上。

场景4

请将你的解答过程写在下面的横线上。

39

聚宝盆

朱队友，陪我去买书包。

好吧！

我经常用电烤炉烤羊肉串，原来用那台旧的电烤炉每月要花 500 块钱电费。自从使用这台新的电烤炉，我每月只需要花 100 块钱的电费，每月能节省（500－100）÷500×100%=80% 的电费。

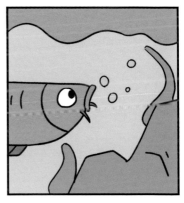

哪个不长眼
睛的！！

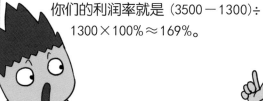
你们从我这儿借钱买的鱼食也就吃了一半吧？剩下的我 500 块钱回购，利息也不收你们的了。你们当初投入 30+1000=1300（元），现在收入 3000+500=3500（元），你们的利润率就是（3500－1300）÷1300×100%≈169%。

我算算，这笔钱都能买什么呢？自行车、帐篷、100 个肘子、200 个鸡腿、两箱漫画、各种玩具汽车……

老麦，我们卖给他吧！！

人呢？

优惠购物

场景1

两条小鱼的售价都是 64 元，卖掉蓝色小鱼，商家可以盈利 60%；卖掉红色小鱼，商家会亏损 20%。所以，商家规定这两条鱼不单卖，顾客要买就必须同时买走两条鱼。那么，此时商家到底是盈利还是亏损呢？若盈利，利润是多少元？若亏损，赔了多少元？

请将你的解答过程写在下面的横线上。

场景2

请将你的解答过程写在下面的横线上。

场景3

据了解，文具店卖一个书包只要高出进价的 20% 就可以抵销其他成本，但商家往往以高出进价的 50%~100% 标价。麦当唠想要买一个标价为 150 元的书包，如果商家在抵销其他成本的情况下可以接受还价，麦当唠还价的范围是多少?

请将你的解答过程写在下面的横线上。

50

场景4

天天超市和润发超市以同样的价格出售同样的商品。为了吸引顾客，两家超市都实行会员卡制度。顾客在天天超市累计购买 500 元商品后，会得到天天会员卡，再购买的商品按原价的 85% 付款；顾客在润发超市购买 300 元商品后，会得到润发会员卡，再购买的商品按原价的 90% 付款。顾客若购买原价为 750 元的商品，应该在哪家超市购买更优惠？实际应付多少钱？

请将你的解答过程写在下面的横线上。

说好的，那一半是你的，
这一半是我的。

照龙哥这么个吃法，每天的伙食费就得几十块钱，
这一个月下来就是上千块，有点难办啊！

这条其实不是鱼，是实验室专门培育出来的特别物种，目前还不清楚它的特性，也许会比较危险。我需要带走它，这是我的证明。

哦，对了！

还有什么事？

差点忘记了，这是你应得的 2000 美元。

$2000

昨天的美元汇率是 1∶6.5，2000 美元就可以兑换 13000 元人民币。如果我们等到汇率变成 1∶7 时候再兑换，2000 美元可以兑换 14000 元人民币，不就又多赚了 7.7%？（14000－13000）÷13000×100%≈7.7%。

这是我借你的钱和利息，请收下。

龙哥算是我的朋友了，这钱我不要了，算是我请龙哥吃鱼食了。

麦当唠!

这个徽章还给你。

这是赔你的鞋钱。

算了吧，东小西都跟我讲了，我可惹不起龙哥的主人。

钱你可以不收，但是鞋我还是要赔。

当初本来就是开玩笑，不用当真。

我看见一家商场门口写着：原价 2000 元，八折促销，前 50 名折上再打九折，机会不容错过！我也不知道这鞋到底卖多少钱，但这些钱应该够了吧。

理财能力

请将你的解答过程写在下面的横线上。

场景2

请将你的解答过程写在下面的横线上。

场景3

麦当唠将 100 元钱按一年的理财产品存入银行，到期后取出 50 元购买学习用品，剩下的 50 元和应得的利息又全部按一年理财产品存入银行，这时候的年利率是 5%，到期后可以得本息 63 元。那么，麦当唠第一次购买的理财产品的年利率是多少?

请将你的解答过程写在下面的横线上。

场景4

东小西的爷爷将1万元存入银行，存期1年，年利率是1.98%；到期后，他将这笔钱和利息总数的一半取了出来，剩下的一半继续存在银行里，又存了3年，年利率是2.75%；到期后，爷爷继续将这笔钱的本息和再存了5年，到期后得本息和6347.63元。请问5年期利率是多少？

请将你的解答过程写在下面的横线上。

利润问题的基础知识

利润问题是我们在实际生活中经常碰到的问题，它主要包括了买卖商品中的利润问题和存贷款过程中的利率问题。我们首先要明白利润问题里的常用概念，从而根据公式解决这类问题。

利润问题常见题型

1. 利润和折扣问题

❶ 成本

包括商品的进货价，以及可能有的损耗、运费、仓储费等等。

❷ 售价

商品被卖出时的标价，也称为卖出价、定价、零售价。

❸ 利润

一般来说，商品卖出后商家赚到的钱，也就是售价比成本高的部分。利润也会有负值的时候，即亏损。

❹ 打折

在售价的基础上按一定折扣计价，实际售价是原标价的十分之几，就是打几折。

❺ 利润和折扣问题涉及的公式

利润	售价	成本
利润＝售价－成本	售价＝成本＋利润	成本＝售价－利润
利润率＝$\dfrac{利润}{成本}$×100%	售价＝成本＋成本×利润率	成本＝利润÷利润率
利润＝成本×利润率	售价＝成本×（1+利润率）	成本＝售价÷（1+利润率）
折扣数＝打折后售价÷原售价（或标价）	原售价＝打折后售价÷折扣数 打折后售价＝原售价×折扣数	

2. 利息和利率问题

❶ 本金

储户存入银行的钱。

❷ 利率

银行公布的，把本金看作单位"1"，银行所付利息与本金的比值通常为百分之几。利率分日利率、月利率和年利率等。

❸ 利息和利率问题涉及的公式

利息 = 本金 × 利率 × 期数

月利率 = 年利率 ÷ 12

题目解析与答案

做生意

场景1

解析：根据利润＝售价－成本、利润率＝$\frac{利润}{成本}$×100%，题目中已给出了售价及成本，我们就能算出麦当唠卖一件玩具获得的利润及利润率。

麦当唠卖一件玩具获得的利润：12－10=2（元）
利润率：2÷10×100%=20%
答：麦当唠卖一件玩具获得的利润是 2 元，利润率是 20%。

场景2

解析：根据题目给出的条件" 商店要求以利润率不低于 5% 的售价打折出售 "和利润＝成本×利润率，可算出商店卖出这双鞋的最低利润，也就可算出这双鞋的最低售价。再根据折扣数的求法，我们就可以得到这双鞋的折扣。

这双鞋的最低利润是 400×5%=20（元），也就是说，这双鞋的最低售价是 400+20=420（元）。
折扣为 420÷600=0.7，也就是说，这双鞋最低打七折出售，利润率才不会低于 5%。
答：最低可以打七折出售这双鞋。

场景3

解析： 解决这道题，我们需要理解"不赔本"和"赔本不超过 5%"的含义。" 不赔本 "是指利润为 0，即售价＝成本价；" 赔本不超过 5% "也就是说最高赔本率是 5%。根据公式利润率＝$\frac{利润}{成本}$×100%，我们就可以得到这件商品的利润，也就可算出这件商品的实际售价。再根据公式折扣数＝打折后售价 ÷ 原来售价，我们就可以得到这件商品以几折出售。

以不赔本的售价打折出售时，售价＝成本价＝400 元。

此时的折扣是：400÷600≈0.67，即这件商品最低打六七折。

以赔本不超过 5% 的售价打折出售，赔本 5% 就是售价低于成本价的部分占成本的 5%，也就是赔 400×5%＝20（元）。

这件商品的售价就是：400－20＝380（元）。

此时的折扣是：380÷600＝0.633…即最低可以打六四折。

答： 商店要求以不赔本的售价打折出售，最低可以打六七折；若这件商品有大量库存，商店要求以赔本不超过 5% 的售价打折出售，最低可以打六四折。

场景4

解析： 要想知道哪种商品的利润率更高，我们首先需要知道篮球架和跑步机的利润率分别是多少。根据题目给出的条件和利润＝售价－成本，我们就可以得到两种商品的利润。由利润率＝$\frac{利润}{成本}$×100%，我们就可以分别算出它们的利润率是多少。

篮球架的利润：1800×0.9－1200＝420（元）

篮球架的利润率：420÷1200×100%＝35%

跑步机的利润：3200×0.8－2000＝560（元）

跑步机的利润率：560÷2000×100%=28%。

35% > 28%，所以，篮球架的利润率更高。

答：篮球架的利润率更高。

钱生钱

场景1

解析：由利息＝本金 × 利率 × 期数，我们就可以算出麦当唠将 500 元的本金存入银行一年所获得的利息。

500×1.98%×1=9.9（元）

答：麦当唠获得的利息是 9.9 元。

场景2

解析：要想求出这辆遥控车花了多少钱，只需求出 16000 元的本金存 2 年可以获得的利息。根据利息＝本金 × 利率 × 期数，我们就可以算出利息是多少钱。

16000 元本金存 2 年的利息：16000×2.25%×2

$$=360×2$$

$$=720（元）$$

遥控车的售价与 16000 元存 2 年的利息相同，即为 720 元。

答：爷爷买这辆遥控车花了 720 元。

场景3

解析：3 年到期后，麦大叔能获得的利息 20000×2.75%×3=1650（元）。麦大叔将利息和本金又都存入了银行，这一次存入银行的本金就是 20000+1650=21650（元）。再根据利息 = 本金 × 利率 × 期数，我们就能算出麦大叔这次获得的利息，然后再加上本金 21650 元，也就是麦大叔捐给希望工程的钱数。

麦大叔存 3 年期获得的利息：20000×2.75%×3=1650（元）
第二次存钱的本金：20000+1650=21650（元）
第二次存钱的利息：21650×1.98%×1=428.67（元）
麦大叔捐给希望工程的钱数：21650+428.67=22078.67（元）
答：麦大叔捐给希望工程 22078.67 元。

场景4

解析：先计算麦当唠的钱存 2 年后的利息 10000×2.25%×2=450（元），再计算本金和这些利息存 3 年后的利息是（10000+450）×2.75%×3=862.125（元），然后计算两次利息的和；麦悠悠的钱直接按公式计算 5 年后利息。最后将两人的利息进行比较。

麦当唠的 1 万元存足 2 年后的利息：10000×2.25%×2=450（元）
连本带利再存 3 的利息：（10000+450）×2.75%×3=862.125≈862.13（元）
麦当唠总共获得的利息：450+862.13=1312.13（元）
麦悠悠获得的利息：10000×3%×5=1500（元）
麦悠悠的利息比麦当唠多 1500－1312.13=187.87（元）
答：麦悠悠获得利息多，多了 187.87 元。

特价促销

场景1

解析： 这套家具的实际售价是 6336 元，根据实际售价 = 标价 × 折扣，折扣是 72%，我们可以算出这套家具的标价。原本想将一套家具按成本加 6 成利润作为定价，说明原定价的利润率是 60%。再由成本 = 售价 ÷（1+ 利润率），我们就可以算出这套家具的成本。

这套家具的标价：6336÷72%=8800（元）

这套家具的成本：8800÷（1+60%）=5500（元）

列成综合算式：6336÷72%÷（1+60%）

               =6336÷72%÷160%

               =8800÷160%

               =5500（元）

答： 这套家具的成本是 5500 元。

场景2

解析： 如果把"进价"看作单位"1"，那么，利润就是"1×10%"，鞋子的实际售价为"1+1×10%"。根据题意"八折买了一双标价为 2200 元的鞋子"，可得鞋子的实际售价为 2200×80%=1760（元）。由进价 = 售价 ÷（1+ 利润率），我们就可以得到鞋子的进价。

鞋子的实际售价：2200×80%=1760（元）

鞋子的进价：1760÷（1+10%）=1600（元）

列成综合算式：2200×80%÷（1+10%）

               =2200×80%÷1.1

               =1760÷1.1

               =1600（元）

答：这双鞋的进价是 1600 元。

场景3

解析：按定价的九折出售时，篮球的售价就是" 定价 ×0.9 "；按定价的七五折出售，篮球的售价就是" 定价 ×0.75 "。商场按九折出售比按七五折出售能多赚的钱是 20+25=45（元）。由此我们就可以得到篮球的定价。

商场按九折出售比按七五折出售多赚 20+25=45（元）

折扣降低了 0.9－0.75=0.15，

所以，篮球的定价就是 45÷0.15=300（元）

列成综合算式：（20+25）÷（0.9－0.75）

$$=45÷0.15$$

$$=300（元）$$

答：篮球原定价 300 元。

场景4

解析：根据题目条件" 如果九折促销，每份的利润就会减少 10 元 "，说明实际售价减少 10 元。也就是说，原标价的一折就是 10 元，由此可先求出原标价为 10÷（1－0.9）=100（元）。再根据" 如果按标价卖，能赚 30 元 "，我们就能得到海鲜套餐的进价。

海鲜套餐的原标价：10÷（1－0.9）=100（元）

进价：100－30=70（元）

列成综合算式：10÷（1－0.9）－30

$$=10÷0.1－30$$

$$=100－30$$

$$=70（元）$$

答：一份海鲜套餐的进价是 70 元。

优惠购物

场景1

解析：要想知道商家到底是盈利还是亏损，我们首先必须求出这两条鱼的成本。根据成本＝售价÷（1＋利润率），我们就可以得到两条小鱼的成本。然后根据利润＝售价－成本，我们就可以算出商家到底是盈利还是亏损。

蓝色小鱼的成本：64÷（1+60%）=40（元）

红色小鱼的成本：64÷（1－20%）=80（元）

两条鱼的总售价：64×2=128（元）

总成本是 40+80=120（元），128 元＞120 元，所以，商家是盈利的，利润为 128－120=8（元）

答：商家是盈利的，利润是 8 元。

场景2

解析：根据"购书优惠后的价格加上办卡费用比这些书的原价还少了 10 元钱"，可知，现在买书所花的钱比原书价格少花了 10+20=30（元）。正因为"购书可享受八五折优惠"，所以才少花了 30 元，由此就可以求出原书的价格。

实际买书总共优惠的钱数：10+20=30（元）

书的原价：30÷（1－0.85）=30÷0.15=200（元）

列成综合算式：（10+20）÷（1－0.85）

$$=30÷0.15$$

$$=200（元）$$

答：这些书的原价是 200 元。

场景3

解析：我们首先要理解，只要高出进价的 20%，就可以抵销其他成本，老板就可以出售书包。商家往往以高出进价的 50%~100% 标价，也就是说，标价为 150 元的书包，最少高出进价的 50%，最多高出进价的 100%。假设高出进价的 50%，这个书包的进价就是 150÷（1+50%）=100（元）。假设高出进价的 100%，书包的进价就是 150÷（1+100%）=75（元）。商家可以接受议价，就是书包售价最少高出进价的 20%。若书包的进价是 100 元，书包最低售价 100×（1+20%）=120（元）；若书包的进价是 75 元，书包最低售价 75×（1+20%）=90（元）。

假设标价高出进价的 50%，书包的进价是 150÷（1+50%）=100（元）
假设标价高出进价的 100%，书包的进价是 150÷（1+100%）=75（元）
若书包的进价是 100 元，商家可接受的书包最低售价为 100×（1+20%）=120（元），麦当唠可还价 150-120=30（元）
若书包的进价是 75 元，商家可接受的书包最低售价为 75×（1+20%）=90（元），麦当唠可还价 150-90=60（元）
答：麦当唠还价的范围是 30~60 元。

场景4

解析：购买原价为 750 元的商品，在天天超市实际应付的钱数为 500+（750-500）×85%；而在润发超市实际应付的钱数为 300+（750-300）×90%。比较在两家超市购买 750 元商品实际应付的钱，就可以得出在哪家超市购买更优惠。

在天天超市购买原价为 750 元的商品，实际应付的钱数为：
500+（750-500）×85%
=500+250×85%
=500+212.5
=712.5（元）

在润发超市购买原价为 750 元的商品，实际应付的钱数为：

300+（750−300）×90%

=300+450×90%

=300+405

=705（元）

712.5 元＞705 元，所以购买原价为 750 元的商品，在润发超市更优惠。

答：购买原价为 750 元的商品，在润发超市更优惠，实际应付 705 元。

理财能力

场景1

解析：根据题目条件"爸爸给了东小西 25000 美元"和"一年到期后，东小西从爷爷那里取出了 26500 美元"，可得出，东小西通过购买"债券"得到的利息是 26500−25000=1500（美元）。根据利率＝利息÷本金÷时间，我们就可以算出这一年的利率。

东小西购买"债券"得到的利息：26500−25000=1500（美元）

利率：1500÷25000×100%=6%

列成综合算式：（26500−25000）÷25000×100%

＝1500÷25000×100%

＝6%

答：东小西爷爷的"债券"年利率是 6%。

场景2

解析:根据题意，我们首先可以知道麦大叔总共获得的利息是 125400－120000=5400（元）。已知月利率是 0.15%，根据利息＝本金×利率×时间，我们就能求出存款时间。

存款期内的总利息是：125400－120000=5400（元）

总利率为：5400÷120000=0.045

存款月数为：0.045÷0.15%=30（个）

列成综合算式：（125400－120000）÷120000÷0.15%

=5400÷1200000÷0.15%

=0.045÷0.15%

=30（个）

答：麦大叔将这笔钱存了 30 个月。

场景3

解析:根据题意"这时候的年利率是 5%，到期后可以得本息 63 元"，我们可以知道第二次购买的理财产品的利率为 5%，到期的本息为 63 元。根据利息＝本金×利率×时间，可以求出第二次购买的理财产品的本金：63÷（1+5%）=60（元）。所以，第一次购买的理财产品的本金和利息总和为 60+50=110（元）。根据公式：利息＝本金×利率×时间，我们就可以求出第一次购买的理财产品的利率。

第二次购买的理财产品的本金为：63÷（1+5%）=60（元）

第一次购买的理财产品的本息为：60+50=110（元）

第一次购买的理财产品的利率为：（110－100）÷100×100%=10%

列成综合算式：[63÷（1+5%）+50－100]÷100×100%

=（63÷1.05+50－100）÷100×100%

=10÷100×100%

=10%

答：第一次购买的理财产品的年利率是 10%。

场景4

解析： 这笔钱一共存了三次，我们分成三个部分来计算。存 1 年后的本息和是（10000×1.98%+10000）元；第二次存 3 年的本金是（10000×1.98%+10000）÷2,3 年后的本息和是（10000×1.98%+10000）÷2×2.75%×3+（10000×1.98%+10000）÷2；第三次存了 5 年，获得的本息和是 6347.63 元，根据公式本息和 = 本金 + 本金 × 利率 × 期数，我们就可以求出 5 年期的利率。

存 1 年后的本息和是 10000×1.98%+10000=10198（元），
存 3 年后的本息和是（10000×1.98%+10000）÷2×2.75%×3+（10000×1.98%+10000）÷2 ≈ 5519.67（元）
所以，5 年期的年利率是（6347.63 − 5519.67）÷5÷5519.67 ≈ 3%
答：5 年期利率是 3%。

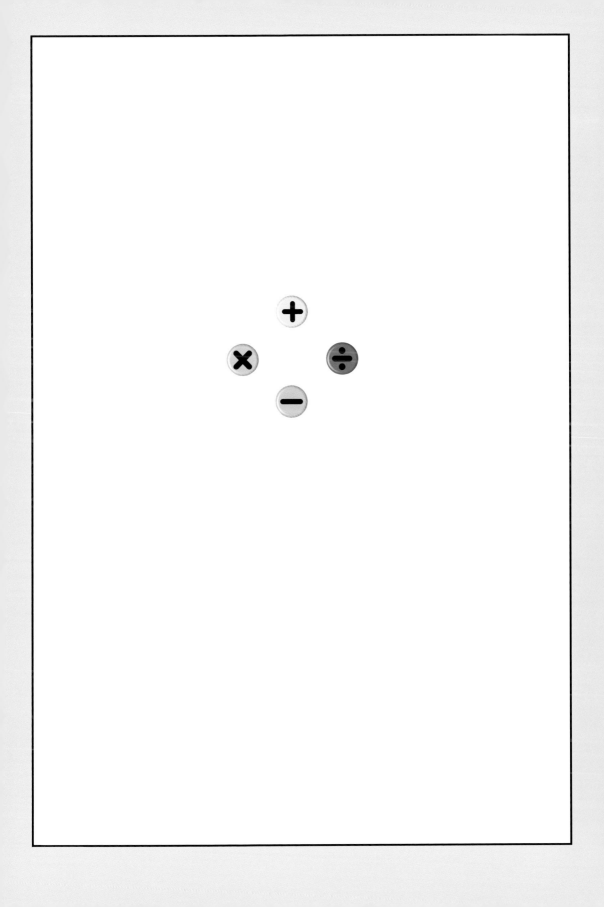

思维导图

成本：
包括商品的进货价，
以及可能有的损耗、
运费、仓储费等等。

售价：
商品被卖出时的标价，
也称为卖出价、定价、
零售价。

打折：
在售价的基础上按一定折扣
定价，实际售价是原标价的
十分之几，就是打几折。

利润：
商品卖出后商家赚到
的钱，也就是售价比
成本高的部分。

概念

利润和折扣
问题

利润=售价−成本

数量关系

$利润率=\dfrac{利润}{成本}×100\%$

售价 = 成本×（1+利润率）

折扣数=打折后售价÷原售价

本金：
储户存入银行的钱。

利率：
银行公布的，把本金看作单位"1"，银行所付利息与本金的比值通常为百分之几。

概念

利息和利率

利润问题

数量关系

利息＝本金×利率×期数

月利率＝年利率÷12

图书在版编目（CIP）数据

数学少年团的 x 历险 . 龙鱼的 x 任务 / 董翠玲著；
老渔绘 . —— 广州：新世纪出版社，2022.04
　ISBN 978-7-5583-3066-7

　Ⅰ . ①数… Ⅱ . ①董… ②老… Ⅲ . ①数学 – 少儿读
物 Ⅳ . ① O1-49

中国版本图书馆 CIP 数据核字（2021）第 220060 号

数学少年团的 x 历险 · 龙鱼的 x 任务
SHUXUE SHAONIAN TUAN DE x LIXIAN · LONGYU DE x RENWU
董翠玲◎著　老渔◎绘

出 版 人：陈少波
责任编辑：崔晋京
责任校对：李　丹
美术编辑：老　狼
装帧设计：金牍文化·车球

出版发行 新世纪出版社
（广州市大沙头四马路 10 号）
经　　销：全国新华书店
印　　刷：北京汇瑞嘉合文化发展有限公司
开　　本：710mm×1000mm　1/16
印　　张：5
字　　数：53.4 千
版　　次：2022 年 4 月第 1 版
印　　次：2022 年 4 月第 1 次印刷
书　　号：ISBN 978-7-5583-3066-7
定　　价：35.00 元

数学少年团的X历险
的X历险

冰雪城堡的X危机

董翠玲 著　　老渔 绘

SPM
南方出版传媒
新世纪出版社
·广州·

人物介绍

班长、学霸、人缘好。别看她一副很好说话的样子，可发起脾气来……（想象一下火山爆发……）

涵涵

直脾气，易冲动。爱好之一是抬杠，你说东他偏要说西，只有一个人能制得住他——班长涵涵。

伍十斤

著名"漫画演员"，名字来源有二：第一，他爸爸麦大叔喜欢吃麦当劳；第二，他话多，爱"唠"（lào）。他是大家的开心果，朱队友的好友。虽然和朱队友做朋友有"风险"，他还是坚持了下来。

麦当唠

朱队友

麦当唠赶都赶不走的好友。不论何时何地，他都全心全意围绕在麦当唠左右，给麦当唠制造层出不穷的"惊喜"。他贪吃贪睡，但做事认真，而且超级热心。

东小西

出手阔绰，除了爱显摆，也没有什么致命的缺点，因为有这一点就够了。

目录

好，一言为定。飞机从北京到哈尔滨飞一个来回需要 5 小时，飞机去时顺风，速度为 600 千米 / 小时，回来逆风，速度为 400 千米 / 小时。

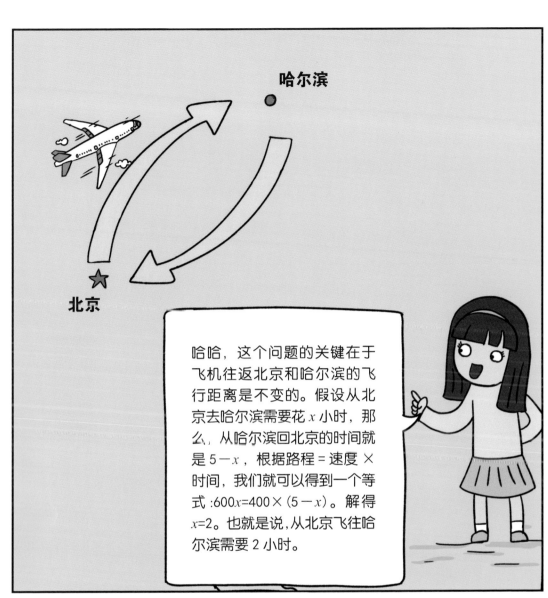

哈哈，这个问题的关键在于飞机往返北京和哈尔滨的飞行距离是不变的。假设从北京去哈尔滨需要花 x 小时，那么，从哈尔滨回北京的时间就是 $5-x$，根据路程＝速度×时间，我们就可以得到一个等式：$600x=400×(5-x)$。解得 $x=2$。也就是说，从北京飞往哈尔滨需要 2 小时。

欧耶，我们可以去哈尔滨看冰雕啦！

忘了告诉大家，飞机客舱里只有 5 张座椅，所以……

爷爷，我有个主意，让其中一个人坐火车去吧。

我有一个不祥的预感！

孩子们，本来想明天就返回北京，但看来我们得多留几天了。

项目组出了些差错，我需要在短时间内补充一处景观，就不能照顾你们了。你们自己在这里玩儿，注意安全。

爷爷，我们可以建冰城堡吗？

当然可以，不过，天冷路滑，一定要小心！

哎哟！

爷爷！

出发去公园

场景1

> 朱队友和东小西约好去公园玩，如果朱队友每分钟走 50 米，会迟到 3 分钟；如果每分钟走 60 米，就可提前 2 分钟到公园。

> 朱队友家到公园的距离是多少米？

请将你的解答过程写在下面的横线上。

场景2

请将你的解答过程写在下面的横线上。

场景3

东小西一家乘坐一艘船从 A 港口出发，顺水航行 14 小时到达 B 港口。第二天，他们又从 B 港口出发，逆水航行 16 小时回到 A 港口。

已知水流速度为 2 千米 / 小时，问 A、B 两港之间的距离。

请将你的解答过程写在下面的横线上。

场景4

麦大叔开一辆汽车从甲地开往乙地，$\frac{1}{3}$ 的时间在上坡，$\frac{1}{3}$ 的时间在下坡，$\frac{1}{3}$ 的时间走平路。上坡每小时行驶 40 千米，下坡每小时行驶 50 千米，平路每小时行驶 45 千米。

当麦大叔原路返回时，却多花了 30 分钟。求甲、乙两地间的距离。

请将你的解答过程写在下面的横线上。

冰雪城堡

建城堡, 我们首先需要打地基。

你这是在做什么?

温度只要超过 0 摄氏度, 这些冰就会化成水。通常状态下人的体温超过 36 摄氏度, 发烧的时候能达到 40 摄氏度, 我打算用自己的体温来融化这些冰, 怎么样?

涵涵, 你带医药箱了吧, 朱队友好像发烧了。

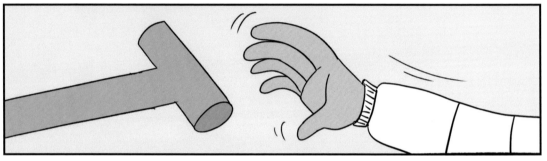

休息时间

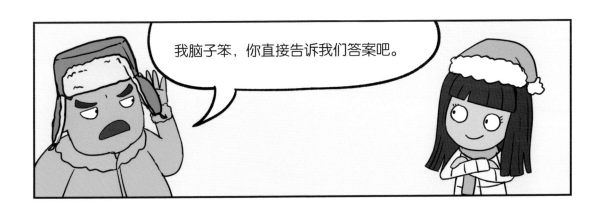

我脑子笨，你直接告诉我们答案吧。

麦朱组每小时完成任务的 $\frac{1}{4}$

东伍组每小时完成任务的 $\frac{1}{3}$

两组合作每小时完成任务的 $\left(\frac{1}{4}+\frac{1}{3}\right)$

想要知道两组合作需要多长时间完成一个任务单元，我们首先要找到每组每个小时分别完成的工作量，也就是他们的工作效率。将工作总量看成"1"，麦朱组完成一个任务单元需要 4 个小时，则麦朱组的工作效率是 $\frac{1}{4}$。同理，东伍组的工作效率是 $\frac{1}{3}$。

假设两组合作需要 x 小时完成一个任务单元，

根据"工作总量 = 工作效率 × 工作时间"，

我们就可以得到一个等式：

$\left(\frac{1}{4}+\frac{1}{3}\right)x=1$。解得 $x=\frac{12}{7}$。

两组合作完成一个任务单元，需要 $\frac{12}{7}$ 小时。

麦当唠，我们的工作很快就能完成的。搬了半天冰块了，歇会儿，来喝点果汁吧！

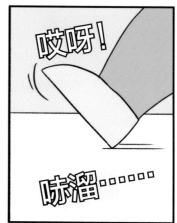

哎呀！

咻溜……

我的果汁……

别浪费了呀，这就是天然冰激凌。

千万别……

麦当唠，你怎么了？

任务当前

小伙伴们在挖一条通道，如果交给东小西，需要 20 天才能完成，那么东小西的工作效率是多少？如果交给涵涵，需要 30 天才能完成，那么涵涵的工作效率是多少？现在东小西先做了 5 天，剩下的部分两人一起做，还需要多少天可以完成？

请将你的解答过程写在下面的横线上。

24

场景2

麦大叔布置了一个任务,涵涵单独完成需要 5 个小时,朱队友单独完成需要 10 个小时,伍十斤单独完成需要 12 个小时。涵涵和朱队友合作一段时间后,伍十斤代替涵涵与朱队友合作 1 小时,之后,朱队友也离开了,伍十斤单独做了 5 个小时完成了余下的工作。

请问,涵涵工作了几个小时?

请将你的解答过程写在下面的横线上。

25

场景3

请将你的解答过程写在下面的横线上。

场景 4

麦当唠单独一个人需要 5 分钟用积木搭建好一座房子；麦大叔单独一个人需要 4 分钟用积木搭建好一座房子；麦悠悠 3 分钟就能将他们搭建房子的积木全部拿走。如果麦当唠和麦大叔一起搭建房子，麦悠悠同时也在悄悄拿走他们搭建房子的积木，请问麦当唠和麦大叔几分钟能把这座房子搭建成功？

请将你的解答过程写在下面的横线上。

麦当唠其实不喜欢喝鱼汤，3岁的悠悠才喜欢！

悠悠不是3岁吧。我昨天听麦当唠说，28年之后，麦大叔的年龄会是悠悠的2倍。

麦大叔今年多少岁？

36岁。

有了"2倍"这个关键词，我们就能算出悠悠到底是几岁了。

这怎么算？

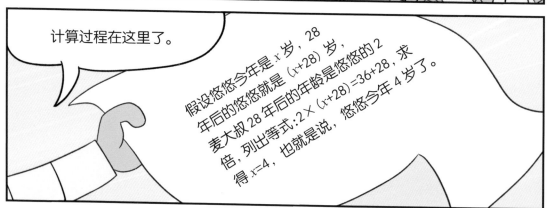

计算过程在这里了。

假设悠悠今年是 x 岁，28年后的悠悠就是（x+28）岁，麦大叔28年后的年龄是悠悠的2倍，列出等式：2×（x+28）=36+28，求得 x=4，也就是说，悠悠今年4岁了。

年龄与算账

场景1

请将你的解答过程写在下面的横线上。

....

....

....

....

....

....

场景2

哥哥现在的年龄是弟弟当年年龄的 3 倍，哥哥当年的年龄与弟弟现在的年龄相同，哥哥与弟弟现在的年龄和为 30 岁。问哥哥现在多少岁?

请将你的解答过程写在下面的横线上。

场景3

请将你的解答过程写在下面的横线上。

场景4

请将你的解答过程写在下面的横线上。

假设北极熊的速度是 x 米/分钟，它跑过的距离就是（1000+2000）米，北极熊和我们奔跑的时间是相同的，我们可据此列出方程：（1000+2000）÷ x =1000÷200，解得 x =600 米/分钟。天啊，它的速度如果达到 600 米/分钟，我们就完蛋了！

放心吧，我目测它的速度不到 600 米/分钟。

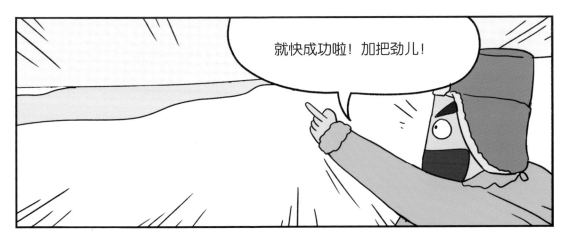

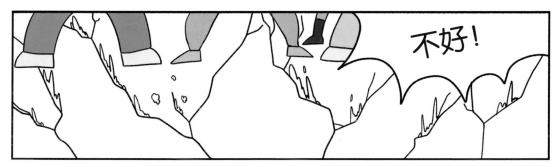

43

44

我们需要足够的雪，从东边平均每分钟可以运来 18 千克雪，从西边每分钟可以运来 12 千克雪。在我们运雪的同时，伍十斤就堆好了熊宝宝。我们一共需要 300 千克雪。再过 5 分钟北极熊就上岸了，我们还需要一个人拖住它几分钟呢？

我们假设需要拖住它 x 分钟。搬运雪的时间与双"熊"相遇的时间构成等量关系。可以列出方程式 $300 \div (18+12) = 5+x$，解得 $x=5$。也就是说，我们需要拖住它 5 分钟，10 分钟后我们就能堆好熊宝宝。

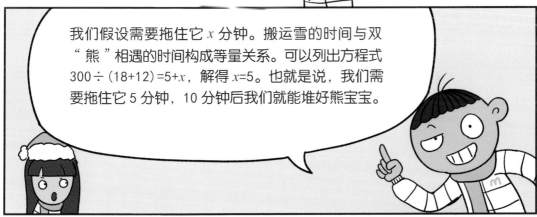

不是我们，是你自己，我们还得运雪和报警呢！

47

你追我赶

赛罗奥特曼和雷欧奥特曼相距 65 千米,赛罗奥特曼的飞行速度是 10 千米 / 分钟,雷欧奥特曼的飞行速度是 2 千米 / 分钟。赛罗先出发半分钟,雷欧才出发。若两人分别从两地出发,相对而行,问雷欧出发后几分钟与赛罗相遇?

请将你的解答过程写在下面的横线上。

48

场景2

请将你的解答过程写在下面的横线上。

场景3

请将你的解答过程写在下面的横线上。

场景4

羊妈妈在羊宝宝后面 200 米处追赶羊宝宝,两只羊同时同向出发。已知羊妈妈每分钟走的路程比羊宝宝每分钟走的 2 倍少 6 米,5 分钟后羊妈妈追上羊宝宝。求羊妈妈每分钟走了多少米?

请将你的解答过程写在下面的横线上。

烤鱼的诱惑

动作再快一点，北极熊发现破绽之后，很快就会追上来的。

咣咣

我们怎么把它吸引过来呢？

这还不容易？麦当唠跟他亲密接触的次数最多，让麦当唠把它吸引过来，不就行了？

怎么才能让它进入笼子呢？

这个我倒是没有想过。

我有个主意，可以用竹竿挂上烤鱼，把竹竿伸进笼子里。

等烤鱼凉了，都不一定能把它吸引来吧？

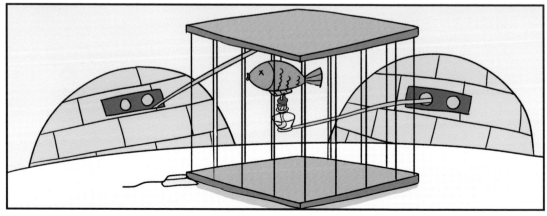

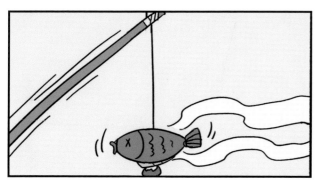

阿嚏！

54

57

58

倍数的秘密

场景1

请将你的解答过程写在下面的横线上。

....

....

....

....

....

....

场景2

涵涵和麦悠悠各有一个书架。如果从涵涵的书架取出 8 本放到麦悠悠的书架上，两个书架上的书就一样多。

如果从麦悠悠的书架取出 13 本放到涵涵的书架上，涵涵书架上的书就是麦悠悠书架上的书的 2 倍。涵涵和麦悠悠的书架上原来各有多少本书?

请将你的解答过程写在下面的横线上。

场景3

麦当唠和麦悠悠两个人一共带了80元去商店买东西，麦当唠用自己带的钱的一半买了一本漫画书，麦悠悠花10元钱买了一盒彩笔。

这时麦当唠剩下的钱恰好是麦悠悠的3倍。请问麦悠悠带了多少元钱？

请将你的解答过程写在下面的横线上。

两个数的和是 2016，其中一个加数的个位是 0，如果把这个 0 去掉，就正好等于另一个加数的 2 倍。这两个加数各是多少？

请将你的解答过程写在下面的横线上。

方程问题的基础知识

列方程解决实际问题的关键是找到"等量关系"。在寻找等量关系时，有时要借助图表等，得到方程的解后，要检验它是否符合实际意义。

列方程解应用题的一般步骤

❶ 弄清题意，分析题目中的已知量、未知量及其之间的关系，根据所求问题设出未知数，此步可简称为"设"；

❷ 根据题目中的等量关系，列出方程，此步可简称为"列"；

❸ 解方程，求出未知数的值；

❹ 写出答案。

解方程的一般步骤

❶ 去分母：在方程两边都乘以各分母的最小公倍数；

❷ 去括号：先去小括号，再去中括号，最后去大括号；

❸ 移项：把含有未知数的项都移到方程的一边，其他项都移到方程的另一边（注意移项要变号）；

❹ 合并同类项：把同类项合并成一项；

❺ 系数化为 1：在方程两边都除以未知数的系数，得到方程的解。

列方程解应用题的常见题型

1. 行程问题

❶ 相遇问题

甲、乙两人相向而行，则甲走的路程 + 乙走的路程 = 总路程

❷ 追及问题

甲、乙同向而行，则快者路程－慢者路程 = 两者路程差

❸ 环形跑道问题

甲、乙同时同地同向而行，则再次相遇时，快者路程－慢者路程 = 一圈的长度；甲、乙同时同地反向而行，则相遇时，甲路程 + 乙路程 = 一圈的长度

❹ 飞行、航行问题

·飞行问题

顺风速度 = 无风速度 + 风速

逆风速度 = 无风速度－风速

顺风速度－逆风速度 =2× 风速

·航行问题

顺水速度 = 静水速度 + 水速

逆水速度 = 静水速度－水速

顺水速度－逆水速度 =2× 水速

❺ 错车问题

·迎面错车：两车的路程和 = 两车车长之和

·同向错车：快车的路程－慢车的路程 = 两车车长之和

❻ 过隧道或过桥问题

·过隧道问题

车速 × 从车头进隧道到车尾离开隧道的时间 = 隧道长 + 车长

·过桥问题

车速 × 从车头上桥到车尾离桥的时间 = 桥长 + 车长

2. 工程问题

❶ 总工作量通常看作"1"

❷ 各部分工作量之和 = 总工作量

即：甲工程队工作量 + 乙工程队工作量 = 总工作量

或：第一时段工作量 + 第二时段工作量 = 总工作量

❸ 工作量 = 工作效率 × 工作时间

❹ 人均工作效率 = $\dfrac{总工作}{时间 × 人}$

3. 利润问题

❶ 利润 = 售价 － 进价

❷ 标价 = 进价 + 提高价

❸ 售价 = 标价 × $\dfrac{折数}{10}$

❹ 售价 = (1+ 利润率) × 进价

❺ 利润率 = $\dfrac{利润}{进价}$ × 100%

4. 和差倍问题

❶ 和倍问题

和 ÷（倍数 +1）= 较小数

较小数 × 倍数 = 较大数

和 － 较小数 = 较大数

❷ 差倍问题

差 ÷（倍数 － 1）= 较小数

较小数 × 倍数 = 较大数

较小数 + 差 = 较大数

❸ 和差问题

（和 － 差）÷ 2= 较小数

（和 + 差）÷ 2= 较大数

5. 年龄问题

❶ 两个人的年龄差始终不会变

❷ 抓住年龄增长，一年一岁，人人平等

❸ 列表格解决问题比较清晰

题目解析与答案

出发去公园

场景1

解析：这是行程题，需要利用公式路程＝速度 × 时间。假设朱队友不迟到，从家到公园要 x 分钟。他每分钟走 50 米，从家到公园的距离就是 $50 \times (x+3)$ 米；如果每分钟走 60 米，从家到公园的距离就是 $60 \times (x-2)$ 米。从家到公园的距离不变，可得：$50 \times (x+3) = 60 \times (x-2)$。

解：设按约定时间朱队友从家到公园正好要 x 分钟。

$$50 \times (x+3) = 60 \times (x-2)$$
$$50x + 150 = 60x - 120$$
$$10x = 270$$
$$x = 27$$
$$50 \times (27+3) = 50 \times 30 = 1500（米）$$

答：朱队友家到公园的距离是 1500 米。

场景2

解析：这是行程问题，需要利用公式路程＝速度 × 时间。火车两次行驶速度和隧道不同，但火车的长度始终不变。设过 250 米的隧道时，火车的速度是 x 米／秒，提速后的速度是 $1.5x$ 米／秒。根据火车行驶总路程－隧道长度＝火车长度，得出：$20x - 250 = 1.5x \times 16 - 330$。

解：设火车提速前的速度为 x 米 / 秒，提速后的速度为 $1.5x$ 米 / 秒。

$$20x-250=1.5x\times 16-330$$

$$20x-250=24x-330$$

$$4x=80$$

$$x=20$$

$$20\times 20-250=150（米）$$

答：这列火车的长度为 150 米，提速前火车的行驶速度为 20 米 / 秒。

场景3

解析：这是行程问题，除了要掌握路程 = 速度 × 时间，我们还要知道顺水速度 = 静水速度 + 水流速度，逆水速度 = 静水速度 － 水流速度。船在 A、B 两港口之间往返，路程不变。由此可得顺水航行时间 ×（静水速度 + 水流速度）= 逆水航行时间 ×（静水速度 － 水流速度）= 两港间的路程。设静水速度为 x 千米 / 小时，则可得：$14\times(x+2)=16\times(x-2)$。

解：设该船的静水速度为 x 千米 / 小时。

$$14\times(x+2)=16\times(x-2)$$

$$14x+28=16x-32$$

$$2x=60$$

$$x=30$$

$$14\times(30+2)=448（千米）$$

答：A、B 两港之间的距离为 448 千米。

场景4

解析：这是一个行程问题。除了掌握公式路程 = 速度 × 时间外，我们还可以得到题中三个等量关系：①汽车从甲地开往乙地，又从乙地返回甲地，来回的距离不变；②返回时间 = 去时时间 +0.5 小时；③从甲地开往乙地时，上坡时间＝下坡时间＝平路时间。设去时上坡、平路、下坡各用 x 小时，可得：$50x \div 40+40x \div 50+x=3x+0.5$。

解：设去时上坡、平路、下坡各用 x 小时，30 分钟为 0.5 小时。

$$50x \div 40+40x \div 50+x=3x+0.5$$

$$1.25x+0.8x+x=3x+0.5$$

$$0.05x=0.5$$

$$x=10$$

$$10 \times 40+10 \times 50+10 \times 45=1350（千米）$$

答：甲、乙两地间的距离是 1350 千米。

任务当前

场景1

解析：这是一道工程问题，需要利用公式工作效率 × 工作时间＝工作总量。将这项工作任务看作"1"，根据题意，首先可以得到东小西的工作效率是 $\frac{1}{20}$，涵涵的工作效率是 $\frac{1}{30}$。那么，东小西的工作效率 ×5+东涵两人的工作效率和 × 天数 =1。设还需要 x 天可以完成，可得到：$\frac{1}{20} \times 5+(\frac{1}{20}+\frac{1}{30})x=1$。

解：设还需要 x 天可以完成。

$$\frac{1}{20} \times 5+(\frac{1}{20}+\frac{1}{30})x=1$$

$$\frac{1}{4}+\frac{x}{12}=1$$

$$\frac{x}{12}=\frac{3}{4}$$

$$x=9$$

答：东小西的工作效率是 $\frac{1}{20}$，涵涵的工作效率是 $\frac{1}{30}$。东小西先做 5 天，剩下两人一起做，还需要 9 天可以完成。

场景2

解析：这是一道工程问题，需要利用工作时间 = 工作总量 ÷ 工作效率。根据题意，首先可以得到涵涵、朱队友、伍十斤的工作效率分别是 $\frac{1}{5}$、$\frac{1}{10}$、$\frac{1}{12}$，同时可以得到等量关系：涵朱合作的工作量 + 伍朱合作的工作量 + 伍十斤完成的工作量 = 工作总量"1"。设涵涵工作了 x 个小时，则可得到方程 $(\frac{1}{5} + \frac{1}{10})x + (\frac{1}{10} + \frac{1}{12}) \times 1 + \frac{1}{12} \times 5 = 1$。

解：设涵涵工作了 x 个小时。
$$(\frac{1}{5} + \frac{1}{10})x + (\frac{1}{10} + \frac{1}{12}) \times 1 + \frac{1}{12} \times 5 = 1$$
$$\frac{3x}{10} + \frac{11}{60} + \frac{5}{12} = 1$$
$$\frac{3x}{10} = \frac{2}{5}$$
$$x = \frac{4}{3}$$

答：涵涵工作了 $\frac{4}{3}$ 个小时。

场景3

解析：这是一道工程问题，需要利用公式工作时间 = 工作总量 ÷ 工作效率。根据题意可以推出：麦当唠的工作效率 ×8+ 朱队友的工作效率 ×3=1，麦当唠和朱队友两人的工作效率和 ×4=1。假设朱队友单独完成需要 x 天，那么，朱队友的工作效率就是 $\frac{1}{x}$，根据等量关系"麦当唠工作效率 ×8+ 朱队友工作效率 ×3=1"，可得到麦当唠的工作效率是 $\frac{x-3}{8x}$。

解：设朱队友单独完成工程需要 x 天。

$$\left(\frac{x-3}{8x}+\frac{1}{x}\right)\times 4=1$$

$$\frac{x-3}{8x}+\frac{8}{8x}=\frac{1}{4}$$

$$x+5=2x$$

$$x=5$$

答：如果朱队友单独完成，则需要 5 天。

场景4

解析:这是一道工程问题，需要利用工作效率 × 工作时间 = 工作总量。将一座房子搭建成功看作是工作量"1"的话，那么，麦当唠和麦大叔的工作效率分别是 $\frac{1}{5}$、$\frac{1}{4}$，麦悠悠的工作效率就是 $-\frac{1}{3}$。设他们 x 分钟能拼好这座房子，根据题意可得：$\left(\frac{1}{4}+\frac{1}{5}-\frac{1}{3}\right)x=1$。

解:设麦当唠、麦大叔、麦悠悠 x 分钟能拼好这座房子。

$$\left(\frac{1}{4}+\frac{1}{5}-\frac{1}{3}\right)x=1$$

$$\left(\frac{15}{60}+\frac{12}{60}-\frac{20}{60}\right)x=1$$

$$\frac{7}{60}x=1$$

$$x=\frac{60}{7}$$

答：他们 $\frac{60}{7}$ 分钟能把这座房子搭建成功。

年龄与算账

场景1

解析:这是一道年龄题，解决年龄问题的关键是要理清题意中的年龄关系。设明明今年是 x 岁，则红红的年龄是 $(x-1)$ 岁，这道题的等量关系是爸爸的年龄 = 红红年龄的 3 倍 +3，由此可得到方程 $3\times(x-1)+3=33$。

解 : 设明明今年 x 岁，则红红的年龄是 $(x-1)$ 岁。

$$3\times(x-1)+3=33$$

$$3x=33$$

$$x=11$$

答 : 明明今年 11 岁。

场景2

解析 : 这是一道年龄题，本题的关键除了理清题意中哥哥与弟弟的年龄关系外，还要注意，哥哥与弟弟的年龄差始终保持不变。根据题意可得等量关系:哥哥现在的年龄 = 弟弟当年的年龄 $\times3$，哥哥当年的年龄 = 弟弟现在的年龄。设哥哥现在的年龄是 x 岁，则弟弟现在的年龄就是 $(30-x)$ 岁,弟弟当年的年龄就是 $\frac{1}{3}x$ 岁。根据哥哥和弟弟的年龄差始终不变，可得 : $x-(30-x)=(30-x)-\frac{1}{3}x$。

解 : 设哥哥现在的年龄是 x 岁。

$$x-(30-x)=(30-x)-\frac{1}{3}x$$

$$x-30+x=30-x-\frac{1}{3}x$$

$$\frac{10}{3}x=60$$

$$x=18$$

答 : 哥哥现在的年龄是 18 岁。

场景3

解析：这是一道利润问题，需要用公式利润＝售价－进价，利润率＝利润÷进价×100%，利润＝进价×利润率。分析题中条件，可得到等量关系：原售价×0.8－进价＝进价×利润率。设原来的售价为 x 元，可得：$0.8x-1200=1200\times14\%$。

解：设原来的售价为 x 元。

$$0.8x-1200=1200\times14\%$$
$$0.8x-1200=168$$
$$0.8x=1368$$
$$x=1710$$

答：原来的售价为 1710 元。

场景4

解析：这是一道利润问题，需要利用公式：利润＝售价－成本，售价＝成本×（1+利润率）。分析题中条件，可得到等量关系：（甲商品定价＋乙商品定价）×90%－甲乙商品的总成本＝总利润。设甲商品的成本为 x 元，可得：$[(1+30\%)x+(1+20\%)\times(200-x)]\times90\%-200=27.7$。

解：设甲商品的成本是 x 元。

$$[(1+30\%)x+(1+20\%)\times(200-x)]\times90\%-200=27.7$$
$$[1.3x+1.2\times(200-x)]\times90\%-200=27.7$$
$$(0.1x+240)\times90\%-200=27.7$$
$$0.09x+216-200=27.7$$
$$0.09x=11.7$$
$$x=130$$

答：甲商品的成本是 130 元。

你追我赶

场景1

解析：这是一个相遇问题。赛罗和雷欧之间的距离是一定的，可得等量关系：赛罗飞行的距离 + 雷欧飞行的距离 =65 千米。根据题意，还可得到另一个等量关系：雷欧的飞行时间 +0.5= 赛罗的飞行时间。设雷欧出发 x 分钟后与赛罗相遇，由此可得：$2x+10×(x+0.5)=65$。

解：设雷欧出发后 x 分钟与赛罗相遇。

$$2x+10×(x+0.5)=65$$
$$2x+10x+5=65$$
$$12x=60$$
$$x=5$$

答：雷欧出发后 5 分钟与赛罗相遇。

场景2

解析：这道题是相遇问题的变形。朱队友和东小西乘坐的两辆车分别与卡车相遇，因为他们同时从同一个地方出发，根据题意可得等量关系：朱队友与东小西 6 小时的路程差 = 东小西和卡车 1 小时的路程和。设这辆卡车的速度是 x 千米 / 小时，由此可得：$6×(104－80)=(80+x)×1$。

解：设卡车的速度是 x 千米 / 小时。

$$6×(104－80)=(80+x)×1$$
$$6×24=80+x$$
$$x=144－80$$
$$x=64$$

答：这辆卡车的速度是 64 千米 / 小时。

场景3

解析：这是一道追及问题。根据"周长为 400 米的环形跑道""麦当唠在麦悠悠的前方 100 米"和麦当唠追上了麦悠悠，可得到等量关系：麦当唠走过的路程 = 麦悠悠走过的路程 +（400－100）。也就是说，麦当唠的速度 × 时间 = 麦悠悠的速度 × 时间 +（400－100）。设 x 分钟后麦当唠可以追上麦悠悠，即可得：$80x+（400－100）=1.25×80x$。

解：设 x 分钟后，麦当唠可以追上麦悠悠。

$$80x+（400－100）=1.25×80x$$
$$80x+300=100x$$
$$20x=300$$
$$x=15$$

答：15 分钟后，麦当唠可以追上麦悠悠。

场景4

解析：这是一道追及问题，需要利用公式追及路程 = 速度差 × 时间。根据题意可得等量关系：羊妈妈的速度 = 羊宝宝的速度 ×2－6。设羊宝宝的速度为 x 米 / 分钟，则羊妈妈的速度为（$2x－6$）米 / 分钟，由此可得：$（2x－6－x）×5=200$。

解：设羊宝宝的速度为 x 米 / 分钟，则羊妈妈的速度为（$2x－6$）米 / 分钟。

$$（2x－6－x）×5=200$$
$$5x－30=200$$
$$5x=230$$
$$x=46$$
$$2×46－6=86（米）$$

答：羊妈妈每分钟走了 86 米。

倍数的秘密

场景1

解析：这是一个差倍问题。已知两个数之间的差与这两个数的倍数关系，求这两个数各是多少的应用题，就是差倍问题。麦悠悠做的题目数量最少，设为 x 道，那么东小西做了 $3x$ 道题，涵涵做了（$3x \times 2$）道题。根据涵涵比麦悠悠多做 10 道题，可得：$3x \times 2 - x = 10$。

解：设麦悠悠做了 x 道题，则东小西做了 $3x$ 道题。

$$3x \times 2 - x = 10$$
$$5x = 10$$
$$x = 2$$
$$3 \times 2 = 6（道）$$

答：东小西做了 6 道题。

场景2

解析：这是一个差倍问题。根据题意可得其中一个等量关系：涵涵书架的书 − 8 = 麦悠悠书架的书 + 8，由此可知涵涵书架上的书比麦悠悠书架上的书多（8 + 8）本。我们还可以知道另一个等量关系：（麦悠悠书架的书 − 13）× 2 = 涵涵书架的书 + 13。设原来麦悠悠书架上有 x 本书，则涵涵书架上原来有（$x+16$）本书，由此可得：$2 \times (x - 13) = (x+16) + 13$。

解：设原来麦悠悠书架上有 x 本书，则涵涵书架上原来有（$x+16$）本书。

$$2 \times (x - 13) = (x+16) + 13$$
$$2x - 26 = x + 16 + 13$$
$$x = 55$$
$$55 + 16 = 71（本）$$

答：涵涵书架上原来有 71 本书，麦悠悠书架上原来有 55 本书。

场景3

解析：这是道和倍问题。根据题意可得等量关系：麦当唠的钱 + 麦悠悠的钱 =80 元。麦当唠买书剩下的钱 = 麦悠悠剩下的钱 ×3。设麦悠悠带了 x 元，则麦当唠带了 $(80-x)$ 元。根据题意可得：$(80-x)\div 2=(x-10)\times 3$。

解：设麦悠悠带了 x 元钱。
$$(80-x)\div 2=(x-10)\times 3$$
$$80-x=(x-10)\times 6$$
$$7x=140$$
$$x=20$$

答：麦悠悠带了 20 元钱。

场景4

解析：这是和倍问题的变形。假设一个加数是 x，另一个加数就是 $2016-x$。把一个加数个位上的 0 去掉，则这个数就变成了 $\frac{x}{10}$。根据等量关系：这个数正好等于另一个数的 2 倍，可得：$\frac{x}{10}=2\times(2016-x)$。

解：设其中一个加数是 x，另一个加数就是 $(2016-x)$。
$$\frac{x}{10}=2\times(2016-x)$$
$$\frac{x}{10}=4032-2x$$
$$\frac{x}{10}+2x=4032$$
$$x=1920$$
$$2016-1920=96$$

答：这两个加数分别是 1920 和 96。

思维导图

飞行、航行问题

错车问题

过隧道或过桥问题

总工作量看作"1"

行程问题

工作效率×工作时间=工作量

工程问题

工作效率=1÷完成工作时间

常见题型

和倍问题：
和÷（倍数+1）=较小数
较小数×倍数=较大数
和−较小数=较大数

和差倍问题

利润问题

差倍问题：
差÷（倍数−1）=较小数
较小数×倍数=较大数
较小数+差=较大数

利润=售价−进价

和差问题：
（和−差）÷2=较小数
（和+差）÷2=较大数

利润率=$\dfrac{利润}{进价}$×100%

环形跑道问题

追及问题

相遇问题

解方程的
一般步骤

去分母

去括号

移项

合并同类项

系数化为"1"

方程问题

年龄问题

年龄差始终不变

年龄一年增长一岁

列方程解
应用题

根据题意设未知数

根据题目中的等量关系列方程

解方程，求出未知数的值

写出答案

图书在版编目（ＣＩＰ）数据

　　数学少年团的 x 历险 . 冰雪城堡的 x 危机 / 董翠玲著；
老渔绘 . -- 广州：新世纪出版社，2022.04
　　ISBN 978-7-5583-3069-8

　　Ⅰ . ①数… Ⅱ . ①董… ②老… Ⅲ . ①数学－少儿读
物 Ⅳ . ① O1-49

中国版本图书馆 CIP 数据核字（2021）第 220059 号

数学少年团的 x 历险·冰雪城堡的 x 危机
SHUXUE SHAONIAN TUAN DE x LIXIAN · BINGXUE CHENGBAO DE x WEIJI
董翠玲◎著　老渔◎绘

出 版 人：陈少波
责任编辑：崔晋京
责任校对：李　丹
美术编辑：老　狼
装帧设计：金犊文化·车球

出版发行：新世纪出版社
　　　　　（广州市大沙头四马路 10 号）
经　　销：全国新华书店
印　　刷：北京汇瑞嘉合文化发展有限公司
开　　本：710mmx1000mm　1/16
印　　张：5
字　　数：53.4 千
版　　次：2022 年 4 月第 1 版
印　　次：2022 年 4 月第 1 次印刷
书　　号：ISBN 978-7-5583-3069-8
定　　价：35.00 元

质量监督电话：020-83797655　购书咨询电话：010-65541379